国家出版基金项目
NATIONAL PUBLICATION FOUNDATION

中国果树科学与实践

樱桃

主　编　姜中武
副主编　张　序　孙玉刚　李延菊
编　委　(按姓氏笔画排序)
王义菊　王玉霞　王宝刚　王建萍　王嘉艳
田长平　白文钊　刘庆忠　刘珅坤　刘　洁
孙玉刚　孙庆田　李公存　李延菊　李芳东
初国栋　张开春　张　序　张洪胜　张福兴
赵登超　姜中武　姜乐璞　慈志娟　蔡宇良
颜廷永　潘凤荣　魏海蓉

陕西新华出版传媒集团
陕西科学技术出版社
Shaanxi Science and Technology Press
西　安

图书在版编目（CIP）数据

中国果树科学与实践．樱桃/姜中武主编．—西安：陕西科学技术出版社，2022.8

ISBN 978-7-5369-8531-5

Ⅰ.①中…　Ⅱ.①姜…　Ⅲ.①樱桃—果树园艺　Ⅳ.①S66

中国版本图书馆 CIP 数据核字（2022）第 128405 号

中国果树科学与实践　樱桃

ZHONGGUO GUOSHU KEXUE YU SHIJIAN YINGTAO

姜中武　主编

出 版 人　崔　斌
责任编辑　都亚琳　杨　波
责任校对　秦　延
封面设计　曾　珂
监　　制　张一骏

出 版 者　陕西新华出版传媒集团　陕西科学技术出版社
西安市曲江新区登高路 1388 号陕西新华出版传媒产业大厦 B 座
电话（029）81205187　传真（029）81205155　邮编 710061
http://www.snstp.com
发 行 者　陕西新华出版传媒集团　陕西科学技术出版社
电话（029）81205180　81206809
印　　刷　西安市久盛印务有限责任公司
规　　格　720mm×1000mm　16 开本
印　　张　12.5
字　　数　220 千字
版　　次　2022 年 8 月第 1 版
2022 年 8 月第 1 次印刷
书　　号　ISBN 978-7-5369-8531-5
定　　价　60.00 元

总　序

中国农耕文明发端很早，可追溯至远古 8 000 余年前的“大地湾”时代，华夏先祖在东方这块神奇的土地上，为人类文明的进步作出了伟大的贡献。同样，我国果树栽培历史也很悠久，在《诗经》中已有关于栽培果树和采集野生果的记载。我国地域辽阔，自然生态类型多样，果树种质资源极其丰富，果树种类多达 500 余种，是世界果树发源中心之一。不少世界主要果树，如桃、杏、枣、栗、梨等，都是原产于我国或由我国传至世界其他国家的。

我国果树的栽培虽有久远的历史，但果树生产真正地规模化、商业化发展还是始于新中国建立以后。尤其是改革开放以来，我国农业产业结构调整的步伐加快，果树产业迅猛发展，栽培面积和产量已位居世界第一位，在世界果树生产中占有举足轻重的地位。2012 年，我国果园面积增至约 1 134 万 hm^2，占世界果树总面积的 20％多；水果产量超过 1 亿 t，约占世界总产量的 18％。据估算，我国现有果园面积约占全国耕地面积的 8％，占全国森林覆盖面积的 13％以上，全国有近 1 亿人从事果树及其相关产业，年产值超过 2 500 亿元。果树产业良好的经济、社会效益和生态效益，在推动我国农村经济、社会发展和促进农民增收、生态文明建设中发挥着十分重要的作用。

我国虽是世界第一果品生产大国，但还不是果业强国，产业发展基础仍然比较薄弱，产业发展中的制约因素增多，产业结构内部矛盾日益突出。总体来看，我国果树产业发展正处在由“规模扩张型”向“质量效益型”转变的重要时期，产业升级任务艰巨。党的十八届三中全会为今后我国的农业和农村社会、经济的发展确定了明确的方向。在新的形势下，如何在确保粮食安全的前提下发展现代果业，促进果树产业持续健康发展，推动社会主义新农村建设是目前面临的重大课题。

科技进步是推动果树产业持续发展的核心要素之一。近几十年来，随着我国果树产业的不断发展壮大，果树科研工作的不断深入，产业技术水平有了明显的提升。但必须清醒地看到，我国果树产业总体技术水平与发达国家相比仍有不小的差距，技术上跟踪、模仿的多，自主创新的少。产业持续发展过程中凸显着各种现实问题，如区域布局优化与生产规模调控、劳动力成本上涨、产地环境保护、果品质量安全、生物灾害和自然灾害的预防与控制等，都需要我国果树科技工作者和产业管理者认真地去思考、研究。未来现代果树产业发展的新形势与新变化，对果树科学研究与产业技术创新提出了新的、更高的要求。要准确地把握产业技术的发展方向，就有必要对我国近几十年来在果树产业技术领域取得的成就、经验与教训进行系统的梳理、总结，着眼世界技术发展前沿，明确未来技术创新的重点与主要任务，这是我国果树科技工作者肩负的重要历史使命。

陕西科学技术出版社的杨波编审，多年来热心于果树科技类图书的编辑出版工作，在出版社领导的大力支持下，多次与中国工程院院士、山东农业大学束怀瑞教授就组织编写、出版一套总结、梳理我国果树产业技术的专著进行了交流、磋商，并委托束院士组织、召集我国果树领域20余位知名专家于2011年10月下旬在山东泰安召开了专题研讨会，初步确定了本套书编写的总体思路、主要编写人员及工作方案。经多方征询意见，最终将本套书的书名定为《中国果树科学与实践》。

本套书涉及的树种较多，但各树种的研究、发展情况存在不同程度的差异，因此在编写上我们不特别强调完全统一，主张依据各自的特点确定编写内容。编写的总体思路是：以果树产业技术为主线和统领，结合各树种的特点，根据产业发展的关键环节和重要技术问题，梳理、确定若干主题，按照“总结过去、分析现状、着眼未来”的基本思路，有针对性地进行系统阐述，体现特色，突出重点，不必面面俱到。编写时，以应用性研究和应用基础性研究层面的重要成果以及生产实践经验为主要论述内容，有论点，有论据，在对技术发展演变过程进行回顾总结的基础上，着重于对现在技术成就和经验教训的系统总结与提炼，借鉴、吸取国外先进经验，结合国情及生产实际，提出未来技术的发展趋势与展望。在编写过程中，力求理论联系实际，既体现学术价值，也兼顾实际生产应用价值，有解决问题的技术路线和方法，以期对未来技术发展有现实的指导意义。

本套书的读者群体主要为高校、科研单位和技术部门的专业技术人员，以及产业决策者、部门管理者、产业经营者等。在编写风格上，力求体现图文并茂、通俗易懂，增强可读性。引用的数据、资料力求准确、可靠，体现科学性和规范性。期望本套书能成为注重技术应用的学术性著作。

在本套书的总体思路策划和编写组织上，束怀瑞院士付出了大量的心血和智慧，在编写过程中提供了大量无私的帮助和指导，在此我们向束院士表示由衷的敬佩和真诚的感谢！

对我国果树产业技术的重要研究成果与实践经验进行较系统的回顾和总结，并理清未来技术发展的方向，是全体编写者的初衷和意愿。本套书参编人员较多，各位撰写者虽力求精益求精，但因水平有限，书中内容的疏漏、不足甚至错误在所难免，敬请读者不吝指教，多提宝贵意见。

编著者

2015年5月

本书相关的研究工作，得到下列项目的资助：①山东省科技厅“苹果良种选育与脱毒苗木工厂化繁育”项目。②烟台市科技发展计划项目“甜樱桃优质新品种选育及早丰高效栽培关键技术集成与示范（农村科技特派员）”（2020XCZX031）。③山东省农业良种工程项目“优质特色果树突破性新品种选育”（2020LZGC008）。④西藏自治区科技计划项目“西藏特色经济林（苹果、大樱桃）选育、提质增效技术研究集成与示范”（XZ2020NB09）。特此说明与感谢！

编写过程中我们参考了很多前辈和同仁的研究成果，引用了一些相关的文献资料，但因篇幅所限，没有完全列出，在此对相关作者一并表示衷心的感谢！特别致谢束怀瑞院士对本套图书的指导和关怀！感谢陕西科学技术出版社对本书出版的倾力支持！感谢国家出版基金对本书出版的资助！

受作者水平所限，书中难免有疏漏和不当之处，敬请批评指正。

姜中武

2022 年 3 月

前　言

樱桃是北方落叶果树中成熟最早的树种，素有“春果第一枝”的美誉，在早春鲜果淡季上市，丰富了此期的水果市场；樱桃种植效益高，有“黄金种植业”之称，种植者的积极性越来越高；樱桃在果实发育期不施农药，是名副其实的绿色果品，在追求食品健康的当今特别受到市场的青睐。樱桃产业的发展潜力巨大。

中国樱桃原产中国，据《礼记》记载，中国樱桃在中国已有 2 500 多年的栽培历史。而西洋樱桃(甜樱桃)自 1871 年美国传教士倪维思(J. L. Nevius)引进首批 10 个品种并在烟台的东南山种植以来，迄今已有 150 多年的栽培历史。进入 21 世纪，由于经济效益高，各产区果农种植甜樱桃的积极性空前高涨，各地政府部门根据当地条件积极筹划，纷纷将甜樱桃产业作为推进农业产业结构调整，实现农业增效、农民增收的突破口和增长点，我国甜樱桃生产进入快速发展期：环渤海湾优势产区栽培面积逐步扩大，陕西、河南、甘肃等内陆地区以及青海、新疆、西藏、云南、贵州、四川等冷凉高地积极规划发展，并初步建成了一批新兴产地，包括秦皇岛、西安、郑州、阿坝以及北京近郊的采摘园等。目前，全国甜樱桃栽培面积 23 万 hm^2，产量 8 万 t，我国已经成为世界甜樱桃第一生产国。

我国樱桃产业发展过程中仍然存在诸多问题，如地区间发展不平衡、品种结构不尽合理、苗木市场管理不规范、病毒病传播呈上升趋势、栽培模式和采后处理技术滞后。这些问题的存在极大地影响了樱桃生产经济效益的提高，从而影响了樱桃生产的健康发展。鉴于此，我们根据近些年来樱桃方面的最新研究成果编写了本书。本书立足于生产实际，力求通俗易懂、技术先进，系统地介绍了业界最关心的甜樱桃优良品种、优质高效栽培技术、设施栽培技术、重要病虫害综合防控技术以及果实采后分级、贮藏、加工技术等。希望本书的出版有助于我国樱桃产业的可持续发展。

全书共 9 章。第一章由姜中武、张序负责编写，第二章由孙玉刚负责编写，第三章由张开春负责编写，第四章由张福兴、张序负责编写，第五章由刘庆忠负责编写，第六章由张福兴负责编写，第七章由潘凤荣负责编写，第八章由孙庆田负责编写，第九章由张洪胜负责编写。姜中武负责全书编写提纲的拟定，并对全书进行统稿。感谢张振英、李延菊、慈志娟、姜乐璞在本书的成稿过程中所做的大量工作。

目　录

第一章　我国樱桃产业发展概述 …… 1
第一节　我国樱桃栽培史 …… 1
第二节　我国樱桃产业现状 …… 2
一、生产现状 …… 2
二、主要问题 …… 5
三、发展对策 …… 6
第二章　樱桃的地理分布与区域布局 …… 8
第一节　中国樱桃地理分布和主要栽培区 …… 8
第二节　甜樱桃地理分布和主要栽培区 …… 11
一、环渤海湾产区 …… 11
二、陇海铁路沿线产区 …… 13
三、西南、西北高海拔产区 …… 15
四、分散设施栽培区 …… 17
第三章　樱桃种质资源 …… 19
第一节　我国樱亚属种质资源的种群类型 …… 19
第二节　我国樱亚属种质资源的保护和开发 …… 21
一、种质资源的收集和保存 …… 21
二、种质资源的评价和利用 …… 22
三、重要种质资源 …… 28
第四章　樱桃品种与砧木 …… 38
第一节　品种的选择与应用 …… 38
第二节　栽培优良品种 …… 40
一、自主选育的优良品种 …… 40
二、国外引进的优良品种 …… 53
第三节　砧木的引进与选育 …… 63
一、甜樱桃砧木的应用历史 …… 64
二、选择甜樱桃砧木应注意的问题 …… 65
三、我国传统甜樱桃砧木和新引进的砧木 …… 67
四、樱桃矮化砧木 …… 70

第五章　优质苗木繁育 …… 76
第一节　砧木苗繁育 …… 76
一、实生播种 …… 76
二、分株育苗 …… 77
三、压条育苗 …… 78
四、扦插繁殖 …… 78
五、组织培养繁殖 …… 81
第二节　嫁接苗培育 …… 83
一、嫁接方法 …… 84
二、嫁接苗管理 …… 86
第三节　苗木出圃及出圃后管理 …… 87
一、苗木出圃、分级、检疫 …… 87
二、苗木包装、运输 …… 88
三、苗木假植 …… 89
第六章　优质丰产栽培 …… 91
第一节　建园 …… 91
一、园址选择 …… 91
二、建园规划 …… 92
三、建园 …… 93
第二节　整形修剪 …… 97
一、与整形修剪有关的生长发育特点 …… 97
二、整形修剪 …… 99
第三节　花果管理 …… 111
一、花芽分化、成花与果实发育 …… 111
二、促花保果 …… 112
三、花果管理 …… 114
第四节　土肥水管理 …… 117
一、土壤管理 …… 118
二、施肥 …… 120
三、灌溉 …… 121
第七章　樱桃设施栽培 …… 125
第一节　樱桃设施栽培的设施类型 …… 125
一、避雨设施栽培 …… 125
二、日光温室促成栽培 …… 128

三、塑料大棚促成栽培 …… 131
第二节　樱桃设施栽培关键技术 …… 132
一、建园 …… 132
二、品种选择 …… 133
三、设施选择 …… 135
四、解除休眠与升温时间 …… 138
五、设施内小气候调控 …… 141
六、花果管理 …… 145
七、整形修剪与土肥水管理 …… 148
八、采后管理 …… 149
第八章　樱桃主要病虫害及其防控 …… 151
第一节　病虫害防控基本原则 …… 151
第二节　樱桃主要病害 …… 153
一、细菌性穿孔病 …… 153
二、褐斑穿孔病 …… 154
三、根颈腐烂病 …… 155
四、灰霉病 …… 156
五、黑斑病 …… 158
六、褐腐病 …… 159
七、根癌病 …… 160
八、流胶病 …… 161
第三节　樱桃主要病毒病 …… 163
一、主要病毒病 …… 164
二、樱桃病毒病防控 …… 167
第四节　樱桃主要害虫 …… 167
一、红颈天牛 …… 167
二、桑白蚧 …… 168
三、梨小食心虫 …… 170
四、樱桃果蝇 …… 171
五、舟形毛虫 …… 172
六、红蜘蛛 …… 173
七、金龟子 …… 174
八、鸟害 …… 175
第五节　樱桃园病虫防治历 …… 175

第九章　樱桃采后增值 …… 178
第一节　樱桃采后处理及品质 …… 178
一、采后处理 …… 178
二、樱桃品质的影响因素 …… 180
第二节　樱桃贮藏保鲜 …… 181
一、樱桃贮藏保鲜常用方法 …… 181
二、樱桃贮藏保鲜重要环节 …… 183
第三节　樱桃加工 …… 184
一、糖水染色樱桃罐头 …… 184
二、樱桃酒 …… 185
索引 …… 188

第一章 我国樱桃产业发展概述

樱桃原产中国，全国各地分布甚广。据《礼记》记载推测，樱桃在我国已有2 500多年的栽培历史，是我国最古老的重要栽培果树之一。起源于欧洲及西亚的甜樱桃1871年引入中国，甜樱桃在我国的栽培历史只有150余年。近20年来，我国甜樱桃生产进入快速发展期，在环渤海湾地区栽培面积逐步扩大的同时，陕西、河南、甘肃等内陆地区以及青海、云南、贵州、四川等冷凉高地也发展迅速。目前我国甜樱桃栽培面积逾23万hm^2，产量约120万t，已成为世界甜樱桃第一大生产国。随着甜樱桃科学研究和配套技术的进步，种植甜樱桃的经济效益十分显著，农民的种植积极性很高，甜樱桃已在全国各地得到大面积的发展，呈现出蓬勃的发展势头。甜樱桃产业在促进农村产业结构调整、农民增收致富中发挥着巨大的作用，成为“小树种、高收益、大产业”的典范之一。

第一节 我国樱桃栽培史

我国的甜樱桃栽培始于19世纪70年代，是通过西方传教士、侨民和船员等引入中国烟台的。据《满洲之果树》(1915年)记载，1871年美国传教士倪维思(J. L. Nevius)引进首批10个品种的甜樱桃种植在烟台的东南山；1880—1885年烟台市莱山区樗岚村的王子玉从朝鲜引进那翁品种；1890年烟台市芝罘区朱家庄村的朱德悦通过美国船员引进大紫品种，之后又传播到芝罘、福山两区，到民国初年，已推广到牟平、龙口、蓬莱以及威海等地。

除山东烟台外，1920年前后德国传教士将甜樱桃品种带到山东费县的塔山林场，后传到山东蒙阴、沂水、临沂等地。1930年前后泰安原耶稣家庭果园(现山东省果树研究所的二果园)自日本引进300多株那翁等甜樱桃品种。1935年原青岛果产公司又直接从美国引进大紫、那翁、高砂等品种。1887年新疆塔城的塔塔尔族人从俄罗斯引进甜樱桃在当地栽培，后推广到阿克苏、喀什等地。辽宁旅大地区的甜樱桃可能是在20世纪初随同西洋苹果一起由日本引入的。1920年前后侨居丹东的丹麦人瓦利森自欧洲引入杂种樱桃，栽种在自己的庭院及原三育中学。此外，河北的昌黎、秦皇岛等地早期也有引入。

新中国成立后，烟台、大连等地开始少量生产栽培甜樱桃，但改革开放前发展滞缓，果园管理粗放，树形多采用自然开心形，结果晚、产量低，年总产量在1 000 t左右。栽培品种主要有大紫、那翁、黄玉等。改革开放后，随着市场经济的发展，甜樱桃的种植效益明显高于苹果和梨，促进了环渤海湾地区栽培面积的扩大。1990年山东省樱桃产量达到2 050 t，其中甜樱桃产量占全国首位，成为我国最重要的栽培区。20世纪90年代以后，随着对外交流的不断深入，引进了大量的新品种和栽培技术，同时我国有关单位也开展了良种选育和栽培技术研究，各产区开始建立大规模商业果园。通过推广密植早果、丰产优质高效栽培技术，包括肥水精细管理、起垄种植、合理配植授粉树、促花保果等技术，采用疏层形、纺锤形等树形，甜樱桃生产进入快速发展期。根据联合国粮农组织(FAO)的统计，1996年我国甜樱桃收获面积1 000 hm^2，年产量3 800 t；1999年收获面积2 000 hm^2，年产量1万t；2006年收获面积5 000 hm^2，占世界收获面积的1.20%，产量1.9万t，占世界总产量的1.01%。但2006年FAO的统计数据远远小于实际数据，据中国园艺学会樱桃分会的初步估算，2005年全国甜樱桃栽培面积为4万～5万hm^2，主要分布在山东、辽宁。因为较大的市场潜力和较高的种植效益，河南、河北、陕西、甘肃、北京以及云贵川冷凉高地积极规划发展，并初步建成山海关、西安、洛阳、四川阿坝州以及北京近郊采摘园等新兴产地。

目前，我国甜樱桃栽培面积快速增加，优良品种和栽培技术不断更新，市场由数量型向质量型转化。甜樱桃产业已初具规模，成为各主要产地的高效种植业。从经济效益来看，甜樱桃种植效益仍高于其他树种，发展势头强劲，各地仍在积极规划发展。但地区间发展不平衡，果品质量有待提高。樱桃属于季节性和技术密集型农产品，竞争优势显著，需求量大，有较大的发展空间。

第二节　我国樱桃产业现状

一、生产现状

(一)面积与产量

进入21世纪以来，我国甜樱桃生产进入快速发展期。环渤海湾优势产区栽培面积在逐步扩大，与此同时，陕西、河南、甘肃等内陆地区，以及青海、新疆、西藏、云南、贵州、四川等冷凉高地积极规划发展，并初步建成秦皇岛、西安、郑州、四川阿坝州、达州以及北京近郊采摘园等新兴产地。

2020 年全国甜樱桃栽培面积逾 23 万 hm^2，产量约 120 万 t(表 1-1)。

表 1-1 我国各地 2020 年甜樱桃的栽培面积和产量

省 份	面积/hm^2	产量/万 t
山东	100 000	50
陕西	40 000	20
辽宁	26 667	23
河南	12 000	7
四川	10 000	5
山西	6 667	5
河北	6 667	2
甘肃	4 667	2
北京	4 000	2
其他地区	22 667	4
全国	233 335	120

(二)主要品种、砧木及栽培技术

1. 品种构成

我国的樱桃栽培以鲜食甜樱桃为主，栽培品种中鲜食品种占 95%以上，产量则占 90%以上，品种以我国的红灯、福晨、福星、明珠、佳红、齐早、鲁樱系列，欧洲和美洲选育的品种美早、萨米脱、布鲁克斯、拉宾斯、先锋、早大果、艳阳等为主，不同地区品种有所差异(表 1-2)。加工品种主要是那翁，而加工品种酸樱桃的栽培面积较小。

表 1-2 我国不同地区的主要栽培品种

地 区	主要品种构成
胶东半岛	美早、红灯、萨米脱、黑珍珠、艳阳、拉宾斯、先锋
辽东半岛	美早、红灯、佳红、明珠、俄罗斯 8 号、萨米脱
陕西、河南等内陆地区	美早、红灯、布鲁克斯、吉美、萨米脱、艳阳
北京、河北、山东中西部等地区	美早、早大果、布拉、伯兰特、岱红、红灯
云南、贵州、四川等高海拔地区	美早、红灯、早大果、萨米脱、拉宾斯、雷尼

2. 主要砧木

随着生产的发展，砧木越来越受到重视。除中国樱桃、山樱桃等作砧木外，广泛引进国外优良砧木。目前，生产中应用较广的主要有大青叶砧木，胶东半岛区域应用较多，其他各产区均有栽植；吉塞拉矮化砧木主要分布在山东的泰安以及陕西、山西等地，表现出较强的早果、矮化特性；马哈利砧木主要集中在陕西、大连；考特砧木在山东临朐有较大规模的应用；ZY-1 砧木在郑州、陕西等地区表现较好；东北山樱主要在大连地区，表现出较好的抗寒性。

3. 栽培技术

传统上樱桃大多采取粗放式栽培管理，大树冠稀植种植，枝叶量偏多，光照较差。进入 20 世纪 90 年代，借鉴苹果栽培技术，开始密植栽培，追求产量，个别农户采用 2 m×3 m 的株行距栽培红灯，辅助药剂控冠，创造了 30 t/hm^2以上的产量。自 21 世纪初至今，随着政府的重视和科学研究的深入，樱桃栽培进入矮化密植时期，改稀植栽培为密植种植，改自然圆头形、丛状形为纺锤形，改大坑大沟栽培为小坑、起垄台田栽培，改追求产量为追求质量、效益。

4. 设施栽培

全国甜樱桃设施栽培面积约为 1.67 万 hm^2。其中提早上市设施栽培约为 1.2 万 hm^2，防雨防霜设施栽培约为 4 700 hm^2，安全越冬保护设施栽培较少。提早上市设施栽培主要分布在山东和辽宁，其中山东 5 300 hm^2（潍坊临朐 3 300 hm^2、烟台 667 hm^2、山东其他地区 1 333 hm^2）、辽宁 5 300 hm^2，陕西、上海、北京、河南等地有零星分布。辽宁省提早上市设施主要是温室，9 月进行覆盖休眠，11 月升温，春节前上市，平均出园价为 400 元/kg 左右，最高达 600～800 元/kg。

针对樱桃花期霜冻、遇雨裂果等问题，各地推广了防雨防霜设施栽培。防雨防霜设施栽培主要分布在大连、烟台、泰安、郑州、西安、天水等地。防雨防霜设施主要有钢架、水泥柱、竹木构件，覆盖物品为塑料薄膜、防雨绸等，造价在 7.5 万～22.5 万元/hm^2，使用寿命 3～8 年，较好地解决了甜樱桃的霜冻、裂果问题。

越冬保护设施栽培主要分布在黑龙江、吉林等地。由于这些地区冬季极端低温，易对樱桃树体产生冻害，采用保护设施可使樱桃树安全越冬。充分利用该地区物候期晚的特点，栽植中晚熟品种，延迟了樱桃鲜果的上市时间，拉长了鲜果供应链。

5. 贮藏保鲜

目前，我国樱桃贮藏保鲜技术处于试验、小规模应用阶段，樱桃可贮藏

40 d，果柄保持鲜绿，果实品质基本保持不变，商品价值提高 8～10 元/kg。北京市林业果树研究所采用气调箱贮藏技术，0℃环境下 60 d 后果品仍具有较好的感官品质，并可以保证 3 d 的常温货架期。甜樱桃果实采收后可采用“预冷—常规泡沫箱—汽车运输”相结合的运输方式，但时间不宜超过 12 h。烟台龙口凯祥公司开发的甜樱桃采后水冷、果实分选设备及配套技术，配合气调冷藏库，取得了较好的贮藏效果，有效地延长了甜樱桃的供货期。

(三)政府扶持

各地各级政府制定了诸多相关优惠政策，鼓励、扶持甜樱桃产业发展，对调整农村产业结构、增加农民收益意义重大。2009 年，国家农业农村部设立公益性行业(农业)科研专项——樱桃产业主要障碍因素攻关研究，组织烟台市农业科学研究院、北京市林业果树研究所、中国农业科学院郑州果树研究所、大连市农业科学研究院、西北农林科技大学、山东省果树研究所对樱桃产业中的主要障碍因素进行联合攻关研究。

烟台市委市政府大力扶持发展烟台市果业发展，在“十一五”和“十二五”期间市级财政每年安排 1 000 万元，扶持开展优良品种选育、示范基地建设、营销宣传等工作，实施烟台甜樱桃、烟台苹果品质质量提升计划。大连市政府对发展樱桃也有相应的优惠政策，对集中连片 7 hm^2 以上的地块，政府财政补贴苗木款的 50%，政府投资全套水利设施；对集中连片 0.7 hm^2 以上的地块，政府财政补贴 22 500 元/hm^2，连续补贴 5 年，并补贴苗木款的 50%；政府提供贫困村栽植樱桃所需的苗木；建防雨棚补贴 9 万～18 万元/hm^2；建温室补贴 18 万～30 万元/栋。陕西省成立陕西省现代樱桃产业技术体系。甘肃省在天水建设“甘肃省大樱桃工程技术研究中心”，旨在为当地樱桃产业的跨越式发展提供技术支撑。北京结合社会主义新农村建设，拿出专项资金扶持甜樱桃生产。四川阿坝自治州、山东莱芜茶业口镇、青海海东平安区和乐都区及新疆喀什市等地通过苗木补贴等多种形式扶持甜樱桃产业发展。

二、主要问题

(1)地区间发展不平衡。我国甜樱桃栽培面积和产量的 70%～80%集中在环渤海湾地区，近年来陕西、河南、甘肃等内陆省份及四川、云南、青海等高海拔适栽区发展较快，但所占比例较小。

(2)品种结构不合理。老品种栽培面积大，早熟品种占的比例大，上市过于集中；优新品种结果面积较小，极早熟和极晚熟优良新品种缺乏，果品供应期较短。另外，世界樱桃生产发达国家，酸樱桃比例占 50%以上，而我国酸樱桃栽培面积极小。

(3)樱桃苗木市场管理不规范，病毒病传播呈上升趋势。

(4)栽培管理不到位。多数果园没有起垄种植，易发生涝害。幼树结果晚。流胶病普遍发生。浇水多采用大水漫灌，滴灌和喷灌等现代化灌溉设施应用较少。土壤有机质含量不足，中微量元素缺乏。一家一户分散经营管理，新技术、新方法难以普及。

(5)我国甜樱桃的采后预冷、自动化分选、贮运保鲜技术相对落后。甜樱桃生产中普遍存在早采现象，果实采后不预冷直接到市场上销售。自动化冷库和气调库贮藏仅处于试验或小规模应用阶段，冷链运输不发达，鲜果冷藏期和货架期较短。采后处理技术的落后限制了樱桃产业的整体效益和规模发展。

(6)果品市场体系不完善。目前我国甜樱桃生产以农户为单位、分散经营的小规模果园为主体，果品市场流通方式主要是农户自产自销以及小商贩贩运，具有价格形成机制的大型农产品批发市场数量少，制约了产品流通的现代化进程，对甜樱桃产业发展有较大的负面影响。

三、发展对策

(1)扩大栽培面积，优化产业布局。老产区要稳步增加栽培面积，关键是提高果品质量，加快老樱桃园改造。新产区要快速扩大栽培面积，提高单位面积产量，增加市场供应量。扩大甜樱桃极早熟地区和寒冷设施栽培地区的栽培面积，拉长果品供应链。推广大果型、自花结实优良品种，进一步扩大全国甜樱桃栽植区域。加速防雨防霜设施的示范与推广，确保樱桃丰产丰收。

(2)采用良种良砧，推行无毒化栽培。跟踪科技进步，选择适宜的砧木品种，实现良种、良砧配套，实行适地适栽。加强种苗繁育基地建设，培植规范化的苗木市场，繁育推广无病毒苗木，实现无毒化栽培。

(3)推广简易技术，保障生产安全。随着劳动力成本的提高和果园操作人员年龄结构偏大等问题的日益严重，应加强示范基地建设，推行果园省工、省力的简易操作技术。简化整形修剪、土肥水管理，推广矮密栽培模式，降低劳动强度；同时建立质量安全控制体系，利用甜樱桃成熟早、喷药少的特点，开展有机果品生产，保障生产过程中的人身安全与果品食品安全。

(4)加强采后处理，延长果品供应期。根据国内外市场的需求特点，发展果个大、品质优的耐贮运品种，积极扩大国际贸易；推广采后预冷、贮藏保鲜新技术，应用冷链运输，拉长果品供应链，进一步提高甜樱桃种植的效益。

(5)重视樱桃加工，扶持酸樱桃发展。适当发展加工樱桃品种，生产樱桃果酒、果脯、果酱、罐头等产品，提高果品的附加值。与樱桃生产发达国家相比，我国的酸樱桃生产占比较低，目前仅有烟台、西安等地有少量规模化栽植，应积极扶持加工类型的酸樱桃品种种植，可借鉴葡萄与葡萄酒的生产经验，生产高品质酸樱桃酒及其他加工产品。提高樱桃种植的附加值。

(6)加大信息交流，搞活市场流通。强化信息平台建设，鼓励并扶持果农建立生产合作组织、果农协会，培养各地市场信息调研员。加强各地樱桃协会、专业合作社、果品交易市场的信息交流，培育大型果品批发交易市场，促进樱桃产业生产、销售、加工一体化。

参考文献

[1]俞德浚，李朝銮．中国植物志第三十八卷[M]．北京：科学出版社，1986：41-89.

[2]魏国芹，孙玉刚，李芳东，等．甜樱桃设施栽培调查报告[J]．落叶果树，2012，44(2)：1-4.

[3]张福兴，孙庆田，张序，等．我国大樱桃产业现状与发展对策[J]．烟台果树，2012(3)：3-5.

[4]李芳东，王玉霞，张序，等．国内外甜樱桃生产、贸易与育种研究概况[J]．山东农业科学，2016，48(7)：151-157.

[5]张开春，闫国华，张晓明，等．中国甜樱桃的栽培历史、生产现状及发展建议[J]．落叶果树，2017，49(6)：1-5.

[6]孙玉刚，魏国芹，付全娟，等．樱桃生产现状与发展策略[J]．烟台果树，2018(1)：2-5.

[7]吕志明，潘凤荣，闫明伟，等．大连市甜樱桃产业发展历史、现状及趋势[J]．落叶果树，2018，50(3)：29-32.

[8]张福兴，盖中帅，李芳东，等．山东省大樱桃产销形势分析与发展策略[J]．烟台果树，2018(3)：1-4.

[9]郑玮，潘凤荣．辽宁省甜樱桃育种回顾与展望[J]．北方果树，2019(1)：1-5.

[10]李明丽，崔秀峰，高文胜，等．山东省甜樱桃产业现状与发展建议[J]．落叶果树，2019，51(3)：25-27.

[11]李明，刘聪利，齐希梁，等．中国甜樱桃产业的品种现状、需求特点与未来育种目标[J]．落叶果树，2019，51(3)：5-7，2-3.

[12]段续伟，李明，谭钺，等．新中国果树科学研究70年——樱桃[J]．果树学报，2019，36(10)：1339-1351.

[13]赵勇，赵进红，刘庆莲，等．泰安市甜樱桃产业现状及发展对策[J]．落叶果树，2019，51(6)：20-21.

[14]陈浩，张开春，周景哲，等．世界樱桃产业现状及对北京市樱桃产业发展的建议[J]．落叶果树，2020，52(4)：27-30.

[15]师静雅，蔡宇良，刘跃峰，等．陕西铜川大樱桃产业现状及发展建议[J]．西北园艺(果树)，2020(5)：7-9.

第二章　樱桃的地理分布与区域布局

中国樱桃分布广泛，北至华北各省、南至华中南地区皆有分布。北方樱桃种植区，主要包括黄河流域的陕西、河南、山东，华北地区的河北、山西、北京及东北地区的辽宁等地；南方樱桃种植区，主要包括长江流域的四川、重庆、湖北、湖南、江西、安徽、江苏、浙江、上海等地及西藏。21 世纪以来，随着新品种、新技术的应用，甜樱桃生产进入高速发展阶段，从东部的环渤海湾到西部的新疆、西藏，从北部的黑龙江、内蒙古到南部的云南、贵州，我国已有 25 个省份种植甜樱桃；过去认为不适宜栽植樱桃的地区(黑龙江、吉林等寒冷地区，甘肃、新疆等西部干旱地区，上海、福建、浙江、广东、重庆等南方雨季时间长、低温需冷量不足的地区)开始推广种植。在干旱地区推广节水灌溉，在年均气温较高的地区选择低需冷量品种且进行避雨栽培，均已取得成功。环渤海主产区的面积和产量稳步增加，陕西、河南、甘肃等陇海铁路西段沿线地区利用其早熟优势正在加速发展，云南、贵州、四川、新疆、青海等高海拔地区也在积极发展，其光照充足，昼夜温差大，利用不同的海拔高度，生产极早熟至极晚熟优质果品；黑龙江、吉林等寒冷地区利用设施栽培取得成功，实现安全越冬、提早上市，拉长了樱桃果品供应链。

第一节　中国樱桃地理分布和主要栽培区

1. 山东

中国樱桃在山东分布较广，除鲁西北平原及湖、洼、滨海涝洼地以外，各地都有分布，栽培面积约 2 000 hm^2，年产量 5 000 t 左右，主要分布在胶东地区和鲁中南山区。胶东半岛有崂山、莱阳、乳山、五莲、诸城、安丘等地，鲁中南山区包括长清、新泰、岱岳、莱城、沂水、莒南、平邑、藤州、邹城等地。山东的主栽品种有崂山红樱桃、五莲樱珠、诸城黄樱、滕州大红樱桃等。目前，除青岛崂山、济南长清、泰安岱岳等作为休闲采摘有少量发展外，其他各地多为传统自然分布，基本没有成片规模发展；枣庄山亭等地有少量塑料大棚促成栽培，供应早期市场。

2. 江苏

江苏省的中国樱桃主要分布在江苏东北部和西南部低山丘陵地区，其中南京、镇江、连云港等地有种植。江苏省是全国地势最低的一个省区，绝大部分地区的海拔高度在 50 m 以下，低山丘陵集中在北部和西南部，年平均气温在 13.6～16.1℃，分布特点为自南向北递减，年降水量为 704～1 250 mm。

南京是中国樱桃的著名产地，多产于玄武湖一带。连云港分布于南云台的东磊、后关、虎窝、花果山、朝阳，中云台的魏庵、隔村，北云台的宿城等地，以东磊、虎窝为最，虎窝素有“樱桃村”的美誉。

3. 浙江

浙江省的中国樱桃主要分布在中部地区的绍兴、杭州、金华等市，东部的宁波市、东南部的台州市也有分布，栽培面积约 2 000 hm^2。具体分布在绍兴市的上虞、新昌、嵊州、诸暨，杭州市的萧山、桐庐、临安等地，此外还有宁波市的余姚，金华市的金东、浦江，以及台州市的仙居等地。

浙江的中部丘陵、盆地交错，海拔高度 100～500 m，而东北部则是堆积平原，海拔高度在 10 m 以下，地势低平。年平均气温 16.2～21.0℃，年降水量 1 281～1 821 mm，无霜期 240～330 d。

绍兴上虞是浙江省首个命名的“樱桃之乡”，樱桃种植面积在 666 hm^2 以上，主要集中在下管、岭南、丁宅、章镇等虞南乡镇，其中下管镇有 300 多年的樱桃种植历史，是浙江的樱桃主产区之一。目前樱桃种植面积大幅增加，已形成“基地化、精品化”产业格局，建有芦山、新庄、洙凤 3 个甜樱桃基地，樱桃种植面积约 233 hm^2，盛产面积逾 133 hm^2，形成樱桃专业合作社 4 家。诸暨市樱桃种植面积逾 666 hm^2，主要分布在同山、赵家等地，也是浙江的樱桃主产区。上虞市生产的短柄樱桃，果实肥大、色泽鲜红、汁多味甜。

4. 陕西

陕西的樱桃资源主要分布在陕南的秦巴山区。中国樱桃主要在秦岭的南北坡分布，以南坡最多。秦巴山区是我国中部一个幅员辽阔的山地，境内秦岭和巴山南北相隔，河流纵横，气候变化多样，生物资源极为丰富。秦巴山区包括汉中、安康、商洛的 28 个县(市)和宝鸡的太白、凤县、渭滨，西安的蓝田、周至及渭南的华县、华阴等，共计 35 个县(市、区)。秦巴山区气候温和，水量充沛，年降水量 932.5 mm；光照充分，平均气温 14.4℃，最高气温 39℃，最低气温−10℃，年平均无霜期 246 d 左右，气候条件适宜樱桃生长。

位于秦岭、巴山之间的西乡县是陕西省中国樱桃的集中栽培区，以县城为中心，集中分布在周围乡镇，其中在席家沟、拱桥、杨营、杨河、二郎、三郎等地成片集中分布。汉中勉县大樱桃有规模经营，栽培面积逾 66 hm^2。

5. 河南

河南省的中国樱桃，从海拔高度 100 m 以下的豫东平原到海拔高度逾 800 m的栗川、卢氏山地均有分布，但以海拔高度 700 m 的浅山区分布较多。

河南省年平均气温 12.8～15.5℃，年平均降水量 784.8 m，无霜期 190～230 d。中国樱桃主要分布在驻马店、洛阳、南阳、信阳、郑州、许昌、周口、新乡、开封等市的 40 多个县(市、区)。分布比较集中的有架川、卢氏、罗山、镇平、信阳、内乡、西平、遂平、确山、平舆、泌阳、上蔡、新郑、修武、周口和郑州等 29 个县(市、区)。此外，河南的山地野生资源也比较丰富。

6. 安徽

中国樱桃在安徽境内主要分布在皖北地区，皖中合肥等地也有种植。皖西北的阜阳市太和县是中国樱桃的主要产地。安徽省年平均气温在 14～17℃，全省年降水量 750～1 700 mm，有南多北少，山区多、平原丘陵少等特点，气候条件适宜樱桃种植。中国樱桃集中分布在太和县的颍河沿岸，尤以李郢、王郢、西徐庄、东贾、西贾及周花园等地为多。阜阳颍河两岸土地肥沃，气候适宜，盛产樱桃，享有“樱桃之乡”的美誉。

7. 云南

云南省的樱属植物种类众多、分布较广，从南部的西双版纳到北部海拔高度 4 000 m 的山区，都有野生樱属植物分布。中国樱桃的地理分布主要在滇西北、滇东北以及滇中地区，以滇西北横断山一带的迪庆、丽江野生种类最为丰富。

云南的中国樱桃栽培面积较小，有两个集中分布区：一个在滇东北地区，包括镇雄、彝良、威信、昭通、永善、大关等地。滇东北地区位于云贵高原的东北部，地形起伏大，山高谷深，海拔高度 600～2 400 m，土壤为酸性紫砂土和黄壤土，年平均气温 11.3～17℃，年降雨量 782.6～923 mm。该区的中国樱桃主栽品种有小红、大红、小黄、玛瑙等，为云南省的樱桃主要经济栽培区。其中，昭通市鲁甸县小寨乡樱桃产业栽培已发展成富民强乡的支柱产业。另一分布区在滇中地区，包括楚雄、富民、玉溪、晋宁、通海等地。这一带地形起伏较小，山势较缓，土壤多为山地红壤，樱桃种植在海拔高度 1 600～1 900 m 的地段，年平均气温 14.6～16℃，年降水量 800～900 mm。

8. 贵州

贵州樱桃分布在贵州的中部、西北部和北部，包括贵阳、安顺、毕节和遵义的大部地区。集中栽培区分布在乌当、青岩镇、青镇、镇宁、关岭、遵义、大方、毕节、威宁等地。适种区域年平均气温 14～16℃，年均降水量 800～1 100 mm。其中毕节种植面积逾 4 100 hm^2，赫章县樱桃种植面积达 2 240 hm^2，纳雍仅玛瑙红樱桃种植面积就超 1 300 hm^2；贵阳种植面积逾 666 hm^2，安顺约 2 000 hm^2，遵义约 2 000 hm^2。从果实颜色来分，贵州樱桃大体可分为红樱桃、黄樱桃、白水樱桃等，共有 23 个株系。主要栽培品种类型，黑珍珠主要在贵阳地区种植，红樱桃主要在安顺地区种植，野马川红樱桃主要在赫章县种植，纳雍县农业局选育出的玛瑙红樱桃主要在毕节地区栽培，其余的主要是地方品种。

9. 川渝地区

在川渝地区，从中亚热带到南温带，从泸定、丹巴(大炮山原始森林中发现有成片野生樱桃林)、汉源、汶川、茂县、冕宁等川西横断山脉地区到四川盆地，再到重庆、南川、涪陵、叙永等川渝地区东南各地都有中国樱桃分布，该区百姓的房前屋后、荒山野岭均有中国樱桃零星种植，呈地方自给性生产。中国樱桃较集中分布区在泸州、叙永以及西南部的西昌等地，此外简阳、龙泉、双流、浦江、新津等地也有种植。

川渝地区南部地形复杂，低纬度与高海拔组合，形成冬无严寒、夏无酷暑的气候特点，平均海拔高度 240～2 000 m，年平均气温 17.5～18℃，年降水量 800～1 000 mm，适宜中国樱桃的生长。目前该区中国樱桃种植面积逾 13 000 hm^2，其中凉山 4 000 hm^2，甘孜逾 2 600 hm^2，阿坝 3 000 hm^2，川西平原逾 1 300 hm^2，丘陵山区逾 3 300 hm^2。

四川的中国樱桃品种有大红袍樱桃、歪嘴樱桃、紫红樱桃、朱砂樱桃、凸顶红樱桃、叙永选优单株，其中大红袍樱桃、叙永选优单株是开发利用价值较大的珍贵资源。

第二节　甜樱桃地理分布和主要栽培区

甜樱桃在我国可划分为 4 个栽培区：环渤海湾产区，陇海铁路沿线产区，西南、西北高海拔产区和分散设施栽培区。

一、环渤海湾产区

环渤海湾产区包括山东、辽宁、河北、北京和天津，是我国甜樱桃商业化栽培起步最早的地区。目前该产区栽培面积超过 13 万 hm^2，约占全国总栽培面积的60%，产量约80万t，约占全国总产量的75%。该产区为我国甜樱桃的适宜栽培区，栽培技术成熟，面积、产量不断增加，经济效益显著，种植者积极性高，带动了国内其他地区甜樱桃栽培的发展。其中山东省和辽宁省大连市是我国甜樱桃的主要栽培区。

1. 山东

山东是我国甜樱桃栽培面积最大的省份，栽培面积约10万hm^2，产量50万t。山东甜樱桃主要分布在烟台的福山、栖霞、海阳、蓬莱，威海的乳山，潍坊的临朐、安丘，淄博的沂源，泰安的岱岳、新泰、肥城，枣庄的山亭，青岛的平度、崂山，临沂的沂水、费县，济宁的邹城、曲阜等；聊城的冠县、阳谷，济南的长清、章丘，日照的五连，莱芜的莱城等地也有集中栽培。烟台市的甜樱桃栽培面积最大，总面积超过2.33万hm^2，约占全省总面积的23.3%。

山东甜樱桃的主要栽培品种有红灯、红蜜、早大果、美早、先锋、拉宾斯、萨米脱、雷尼等，砧木主要是大青叶、考特、吉塞拉等。

2. 辽宁

辽宁20世纪初开始引种栽培甜樱桃，之后面积逐渐扩大。2001年甜樱桃的种植面积不足2 000 hm^2，2006年超过2.33万hm^2，5年增加10多倍。这期间，2002年栽培面积4 533 hm^2，2003年8 400 hm^2，2004年1.2万hm^2，2005年1.58万hm^2。大连市是辽宁甜樱桃最大的栽培区，栽培面积约2.67万hm^2，产量23万t，主要分布在金州、旅顺口、开发区、甘井子及瓦房店、普兰店两市的部分乡镇。

辽宁的甜樱桃栽培技术较成熟，平均单产较高。早期栽培的主要品种有那翁、大紫、黄玉等。20世纪60年代，大连市农业科学研究所开展了甜樱桃育种工作，成功选育出红灯、佳红、巨红、红艳、红蜜、明珠、早红珠、晚红珠等一系列樱桃优良品种，并在生产上推广，成为大连市甜樱桃的主栽品种。随后又从加拿大、美国、日本、乌克兰等国引进了拉宾斯、萨米脱、先锋、美早、雷尼、佐藤锦、红手球、红南阳、早大果等优良品种，极大地丰富了辽宁甜樱桃的品种结构。大连市采用的砧木主要是本溪山樱、大青叶、考特、马哈利、吉塞拉等。

3. 北京

北京的甜樱桃主要分布在门头沟、海淀、通州和平谷，大多是以休闲观光采摘的形式出售，近年来栽培面积不断上升。据统计，北京的甜樱桃种植面积约4 000 hm^2，产量2万t，其中观光采摘量占总产量的60%、收入占总收入的70%。主要栽培品种为红灯、早大果、拉宾斯、先锋、雷尼等。通州是北京发展樱桃产业较早的区县，1993年开始大量种植，目前樱桃的种植面积近 670 hm^2，其中结果面积约占 40%，种植户年均销售收入近 10 万元，占家庭总收入的 50%以上。

北京的甜樱桃产业不仅满足了人们日益增长的休闲观光需求，还带动了农民增收致富，成为北京农村经济发展的新亮点。

4. 河北

河北为甜樱桃适宜栽培区，但发展相对滞后，目前全省樱桃种植面积近 6 700 hm^2，产量约 2 万 t，主要分布在秦皇岛、唐山及石家庄。秦皇岛主要栽培区为山海关，其次为抚宁、卢龙、昌黎等，青龙有零星栽培；唐山主要分布在乐亭、玉田，迁西、迁安有少量栽培；石家庄主要集中在赞皇县土门乡豹家滩，鹿泉、深泽等县有少量栽培；廊坊有近 67 hm^2，主要在燕郊地区，大城、永清等县有少量栽培；保定主要分布在望州都县、满城等地；邯郸、邢台、承德有零星栽培。

河北甜樱桃早期栽培品种主要为红灯、那翁、大紫，目前主栽早熟品种有红灯、红艳、美早、早大果，中晚熟品种有萨米脱、先锋、雷尼、拉宾斯、斯坦拉等，主要砧木为中国樱桃、本溪山樱，少量砧木为吉塞拉系列和兰丁系列。

二、陇海铁路沿线产区

陇海铁路沿线产区包括江苏、安徽、河南、陕西、甘肃、山西，是我国甜樱桃的第二大产区，种植面积约 6.7 万 hm^2，产量 30 万 t。主要分布区有江苏的连云港、徐州丰县、赣榆、宿迁，安徽的砀山、萧县、太和，河南的郑州、开封、洛阳，陕西的西安、宝鸡，甘肃的天水，山西的运城。整个区域跨越黄淮平原、豫西黄河谷地、渭河谷地、陇东黄土高原及兰州黄河峡谷区。

1. 江苏

江苏甜樱桃尚处于引种试栽阶段，绝大部分果园为幼树或初结果树，总面积约 333 hm^2，主要分布在连云港赣榆、徐州丰县、宿迁、盐城阜阳、南京、淮安盱眙、镇江句容、无锡江阴和常州宜兴。江苏省具有明显的季风特征，以淮河一线为界，淮河以北(苏北)属暖温带湿润季风气候，夏季高温多雨，冬季寒冷干燥，为甜樱桃的适宜栽培区；淮河以南(苏南)属亚热带湿润季风气候，夏季高温多雨，冬季低温少雨，为甜樱桃的次适宜栽培区。

江苏甜樱桃主要引种栽培的品种有早大果、先锋、美早、雷尼、拉宾斯、红艳、龙冠、乌梅及早红珠、晚红珠、8-129、巨红、夕红锦、月山锦、抉择、红灯、月山锦、夕红锦、红蜜，主要砧木有草原樱桃、吉塞拉 5 号、

ZY-1 等。

2. 山西

山西甜樱桃主要分布在运城、长治、临汾、吕梁、晋中太谷和太原，总面积约 6 700 hm^2，产量 5 万 t。其中，运城的绛县和临猗栽培面积较大，运城的永济、夏县、曲沃也有少量栽培。

山西甜樱桃栽培引种的主要品种有红灯、龙冠、早大果、先锋、拉宾斯、艳阳、美早、早大果、萨米脱等，明珠、晚红珠、红艳、红蜜、雷尼、大紫、莫莉、友谊、桑提娜、黑珍珠、砂蜜豆、早生凡、艳阳、布鲁克斯、斯帕克里、秦樱 1 号、莱州早红、红玛瑙、龙宝等品种也有引种。砧木主要有 ZY-1、大青叶、考特、马哈利，吉塞拉 6 号、吉塞拉 5 号、本溪山樱、毛把酸有少量使用。山西甜樱桃大多采用细长纺锤形整枝，单产 4 500～15 000 kg/hm^2，经济收益 12 万～30 万元/hm^2，温室栽培效益更高些。大部分品种在山西都表现出应有的经济性状。

3. 安徽

安徽甜樱桃主要集中在砀山、萧县和太和，宿州、蚌埠、淮南等地也有少量引种试栽。栽培总面积约 670 hm^2，其中结果树面积约 333 hm^2，大部分为露地栽培。栽培品种主要有红灯、龙冠、先锋、拉宾斯，红艳、红蜜、雷尼、大紫、莫莉、早大果、艳阳、美早、早大果、萨米脱、桑提娜、黑珍珠、布鲁克斯、龙宝等品种也有少量引种。砧木品种主要有 ZY-1、大青叶、考特、吉塞拉 6 号、吉塞拉 5 号。平均单产 6～7.5 t/hm^2。

4. 河南

河南甜樱桃主要分布在郑州、开封和洛阳，栽培面积约 1.2 万 hm^2，产量 7 万 t，主要为露地栽培。栽培品种主要有红灯、龙冠、早大果、先锋、拉宾斯、萨米脱等，红艳、红蜜、雷尼、大紫、莫莉、艳阳、美早、龙宝等品种也有少量栽培。砧木品种主要有 ZY-1、大青叶，考特、吉塞拉 6 号、马哈利等砧木也有少量使用。由于各产区栽培技术参差不齐，平均单产及经济收益相差大，分别为 3～22.5 t/hm^2 和 7.5 万～30 万元/hm^2。

5. 陕西

陕西甜樱桃栽培面积 4 万 hm^2，产量 20 万 t，主要栽培区分布在西安、宝鸡、咸阳、渭南、铜川等地，汉中勉县有部分栽培。

陕西甜樱桃的主栽品种，早熟品种有秦樱 1 号、红灯、波兰特、龙冠，中熟品种有先锋、雷尼尔、滨库、马吉特，晚熟品种有艳阳、吉美、斯坦拉、美早、萨米脱、拉宾斯、吉墨斯 1 号以及乌克兰系列甜樱桃。陕西甜樱桃使用的砧木，乔化砧木包括秦岭玛瑙、大青叶，半矮化砧木包括马哈利 CDR-1、吉塞拉 6 号、ZY-1、寇尔特，矮化砧木包括秦樱 2 号和吉塞拉 5 号。

6. 甘肃

甘肃自20世纪80年代中期开始引种甜樱桃，目前栽培面积约4 700 hm²，结果树面积约2 700 hm²，产量2万t。天水甜樱桃栽培面积占全省的95%，其次是陇南，定西、平凉、庆阳、兰州也有少量栽培。天水为甜樱桃适宜栽培区，主要分布在秦州和麦积，清水、秦安和甘谷也有少量栽培。天水甜樱桃主要在浅山梯田上建园，这可提高早期产量、增进果实品质。

甘肃甜樱桃以早熟、中熟品种为主，晚熟品种少，早熟品种主要有美早、早大果、红灯等，中熟品种有巨红、佳红、雷尼尔、滨库等，晚熟品种有拉宾斯、先锋、萨米脱、胜利、8-102等。

三、西南、西北高海拔产区

西南、西北高海拔地区为我国特早熟甜樱桃栽培区，该区甜樱桃栽培起步较晚，但发展势头强劲，近几年在山东、辽宁等甜樱桃主产区的带动下栽培面积和产量不断增加。西南高海拔产区包括四川、云南、贵州、重庆、西藏，总栽培面积已逾1.3万hm²，产量约7万t；西北高海拔产区包括新疆、青海，总栽培面积逾3 300 hm²。

1. 四川

四川甜樱桃商业化栽培始于1989年，目前栽培面积约1万hm²，产量5万t。四川甜樱桃主要分布在阿坝、雅安、凉山、甘孜、绵阳的平武和广元以及攀枝花的高海拔(1 400～2 000 m)地区，其中阿坝是四川甜樱桃的最适宜栽培区，境内的汶川、九寨沟、茂县、金川、小金县、理县、黑水均有栽培；雅安栽培面积逾1 300 hm²，主要分布在汉源；凉山面积较少，主要分布在越西县。达州宣汉县有大樱桃规模栽培。四川高海拔地区日照强、温差大，与世界优质甜樱桃产区——美国西北部和加拿大西南部地区的气候十分相似，属世界甜樱桃优质栽培区，栽培甜樱桃已成为四川农业结构调整和增加农民收入的特色产业。

四川甜樱桃主栽品种有红灯、早大果、先锋、拉宾斯、艳阳、雷尼尔、萨米脱，砧木有大青叶、考特和吉塞拉系列。

2. 云南

云南位于北纬21°～29°、东经97°～106°。云南气候的区域差异和垂直变化十分明显，无霜期长，降水量在季节上和地域上的分配极不均匀，但全省大部分地区年降水量都在1 100 mm以上。云南为我国甜樱桃特早熟栽培区，自20世纪80年代起，通过不同渠道在昭通、昆明、楚雄、文山、米勒等地开展了甜樱桃引种工作，但均未成功。自2002年，云南省农科院园艺作物研究所先后引进了红灯、先锋、龙冠、拉宾斯、雷尼尔、早大果等甜樱桃品种进行试栽，目前部分品种已开始开花挂果，但存在坐果率较低的现象。

3. 贵州

贵州甜樱桃分布较少，主要在贵阳地区有少量引种栽培，引进的品种包括意大利早红、龙冠、莫莉、大紫、拉宾斯、早红宝石、龙丹、先锋、红灯等，尚未形成商业化栽培。光照不足可能是造成贵州引种樱桃失败的关键因素。

4. 新疆

新疆栽培甜樱桃已有 50 多年的历史，最早从乌兹别克斯坦引种，目前栽培面积逾 670 hm^2，主要分布在喀什、和田、塔城、阿克苏。主栽品种有红灯、早大果、拉宾斯、萨米脱、先锋、雷洁娜、早红宝石、意大利早红。

新疆地处北纬 36°～38°，是世界公认的“水果优生区带”，纬度与世界樱桃最适宜栽培区——美国加州和俄勒冈州相近。日均光照时间长达 15 h，光合作用充分，果实色泽艳丽；昼夜温差近 20℃，有利于碳水化合物的积累；无霜期逾 220 d，使樱桃的成熟时间更充裕；长年高山雪水的浇灌，使樱桃的矿物质含量更丰富；夏季干旱，解决了甜樱桃成熟期遇雨裂果、果蝇等病虫害频繁发生为害的问题。

新疆南疆地区为甜樱桃的潜在优势栽培区。该地区少云晴天多，热资源丰富，日照时间长，光照充足，昼夜温差较大，无霜期较长，有利于果实中糖分等各类功能营养物质的积累。该地区气候干燥，病虫害较少发生。该地区地理气候得天独厚，年均气温较北疆高 5～11℃，无霜期较北疆长 35～40 d；地貌多为沙漠和戈壁，土壤通透性较北疆地区好，更适合樱桃的生长；面积辽阔，发展樱桃尤其是甜樱桃具有广阔的地理空间。

新疆位于亚洲大陆腹地，周边邻接多国的区位优势和集群口岸优势突出，具备高档水果良好的商品贸易条件，发展甜樱桃的潜力巨大。

5. 青海

青海甜樱桃培面积约 670 hm^2，主要集中在海东地区湟水河流域的川水地带，其中乐都约 340 hm^2、平安 6 hm^2、民和 3.3 hm^2，在大通、互助及西宁的城北区、城西区也有零星栽培。青海的甜樱桃设施栽培面积 13 hm^2，乐都 11 hm^2，民和 2 hm^2。

青海甜樱桃较早的引进品种有红灯、先锋、拉宾斯、雷尼、大紫等，近几年引入栽培的品种有早大果、友谊、伯兰特、美早、桑提娜、黑珍珠、萨米脱、早生凡、艳阳、布鲁克斯、斯帕克里、秦樱 1 号、莱州早红、莱州脆等，采用的砧木有大叶大青叶(中国樱桃)、考特、马哈利等。海拔 2 000 m 以下的地区适合栽培甜樱桃，海拔 2 000 m 以上的区域冬季易出现极端低温和干旱天气，早春气温变化剧烈，容易引起樱桃枝条“抽干”和冻害。

四、分散设施栽培区

我国甜樱桃的分散栽培区主要是指南方的高温地区和北方的寒冷设施栽培区。高温地区包括上海、浙江等地，下面以浙江为例介绍；寒冷设施栽培区主要是东北地区，下面以黑龙江为例介绍。

1. 浙江

目前浙江甜樱桃栽培面积较小，多处于引种试栽阶段，未形成规模。甜樱桃在浦江、金华、衢州、杭州、诸暨、丽水、温州等多地有引种栽培，由于温度高，存在坐果不良的现象。引种品种主要有红灯、萨米脱、早大果、布鲁克斯、先锋、龙冠、拉宾斯、黑兰特、抉择、黑珍珠、友谊、早生凡、甜心等，砧木多为吉塞拉。

2. 黑龙江

黑龙江年平均气温－4～5℃，1月平均气温－30～－14.7℃，北部的漠河极端最低气温曾达到－52.3℃。寒冷环境极易发生冻害，造成死树，不适合露地栽培。目前黑龙江樱桃的栽培方式多是设施栽培，面积较小，主要分布在大庆、双鸭山和牡丹江。

参考文献

[1]李勃，刘庆忠，郑家祥.15个甜樱桃品种在浙江省浦江县的结果情况初报[J]. 落叶果树，2011，43(1)：18-19.

[2]王林军，李勃，王玲玲，等. 甜樱桃在上海地区的设施栽培表现[J]. 落叶果树，2011，43(4)：36-38.

[3]魏国芹，孙玉刚，安森，等. 山东省甜樱桃生态区划的模糊聚类分析[J]. 中国农业资源与区划，2011，32(6)：71-74.

[4]魏国芹，孙玉刚，李芳东，等. 甜樱桃设施栽培调查报告[J]. 落叶果树，2012，44(2)：1-4.

[5]张福兴，孙庆田，张序，等. 我国大樱桃产业现状与发展对策[J]. 烟台果树，2012(3)：3-5.

[6]李明，赵改荣，刘聪利，等. 国内外欧洲甜樱桃主产区生态气候比较与分析[J]. 果树学报，2014，31(S1)：169-174.

[7]黄贞光，刘聪利，李明，等. 近20年国内外甜樱桃产业发展动态及对未来的预测[J]. 果树学报，2014，31(S1)：1-6.

[8]赵庆明，黄贞光，李明，等. 欧洲甜樱桃在云南鲁甸县的引种试验初报[J]. 中国南方

果树，2014，43(6)：114-115.
[9]黄贞光，李明，赵改荣，等．甜樱桃半矮化砧 ZY-1 二十八年引种示范推广总结[J]. 果农之友，2015(8)：48-49.
[10]张福兴，孙庆田，孙玉刚，等．我国甜樱桃种植区划研究[J]. 烟台果树，2016(1)：1-3.
[11]黄贞光，李明，刘聪利，等．江淮地区种植甜樱桃的优势、难点及解决方略[J]. 果农之友，2016(10)：1-2.
[12]侯森，王海，付全娟，等．中国西北地区甜樱桃设施栽培问题及对策[J]. 落叶果树，2019，51(5)：24-27.
[13]张琪静，于克辉，周朝辉．北方设施甜樱桃栽培技术[J]. 北方果树，2019(5)：17-19.

第三章 樱桃种质资源

种质资源是人类赖以生存的宝贵财富，是进行作物遗传改良的基因库。我国丰富的樱桃遗传多样性资源，不但为我们提供了美味的早春淡季果品，还保护着我们的生态环境，美化着我们的生活，也是育种工作以及应对未来环境变化所必需的基因资源。日常生活中常见的种，包括甜樱桃（俗称大樱桃）、中国樱桃（俗称小樱桃）、毛樱桃、酸樱桃、樱花等。樱桃果实成熟早，色泽艳丽，营养丰富，素有“春果第一枝”的美誉。甜樱桃果实个大色艳、味美可口、较耐贮运，种植地域广泛。酸樱桃主要用于加工。我国自古就种植中国樱桃和毛樱桃，除鲜食外，还用于观花赏叶。樱花是世界各地普遍种植的早春观花园林植物。

第一节 我国樱亚属种质资源的种群类型

樱桃属于蔷薇科（Rosaceae）李亚科（Prunoideae Fock）植物，分类问题争议颇多。国外学者大多把樱桃植物归为李属樱亚属（*Prunus* Subgen. *Cerasus*），《中国植物志（第三十八卷）》按照樱属（*Cerasus* Mill）分类。鉴于国际交流的需要，本书仍将樱桃类植物按照亚属，即李属樱亚属描述。

樱亚属或樱桃亚属为落叶乔木或灌木。幼叶在芽中为对折状，后于花开放或与花同时开放；叶有叶柄和脱落的托叶，叶边有锯齿或缺刻状锯齿，叶柄、托叶和锯齿常有腺体。花常数朵着生在伞形、伞房状或短总状花序上，或1～2朵花生于叶腋内，常有花梗，花序基部芽鳞宿存或有明显的苞片；萼筒钟状或管状，萼片反折或直立开张；花瓣白色或粉红色，先端圆钝、微缺或深裂；雄蕊15～50枚；雌蕊1枚，花柱和子房有毛或无毛。核果成熟时肉质，多汁；核球形或卵球形，核面平滑或稍有皱纹。

Koehne（1912）根据叶腋的芽数把樱亚属分为典型樱和矮生樱2个群，每群下设 2 个组。典型樱根据萼片反折与否分成 2 个组，其中反萼组再分 6 个亚组，直萼组分 7 个亚组。Rehder(1951)把樱亚属分成 7 个组，分别是矮生樱组(*Microcerasus* Webb)、樱花组(*Pseudocerasus* Koehne)、裂瓣组(*Lobopetalum* Koehne)、欧樱组(*Cerasus* Koehne)、圆叶组(*Mahaleb* Focke)、伞状组(*Phyllocerasus* Koehne)和总状组(*Pyllomahaleb* Koehne)。甜樱桃和酸樱桃属于欧樱组，中国樱桃(*P. pseudocerasus*)属于裂瓣组，而山樱桃、福建樱花、高盆樱桃、东京樱花等观赏樱花类属于樱花组，毛樱桃属于矮生樱组。Faust(1997)将中国樱桃归入樱花组。

俞德俊等(1986)将樱亚属升为樱属，并参考 Koehne 的分类系统将樱属分成 2 个亚属，即典型樱亚属(Subgen. *Cerasus*)和矮生樱亚属(Subgen. *Microcerasus*)。典型樱亚属分 9 个组，分别是总状组、伞状组、芽鳞组、裂瓣组、小苞组、圆叶组、重齿组、黑果组、细齿组；矮生樱亚属分管萼组、钟萼组 2 个组。甜樱桃、酸樱桃、草原樱桃属于芽鳞组，中国樱桃属于裂瓣组。王贤荣(1997)经查阅文献及核对标本，将中国樱桃划入直萼组。

Rehder 和俞德俊等的分类系统都是在 Koehne 分类的基础上的进一步梳理和完善，这些分类方法的主要依据是叶腋的芽数、花萼的反折、花序、苞片、叶片、腺体等。Rehder 和俞德俊等的分类系统除分类级别不同外，在组的分类上也存在一定的对应关系，例如 Rehder 的矮生樱组对应了俞德俊等的矮生樱亚属，樱花组对应了重齿组、黑果组、细齿组，欧樱组对应了芽鳞组。Rehder 的分类方法相对而言更为简明，被欧美大多数园艺工作者所认可。俞德俊等的分类系统在我国已经得到普遍承认，也逐渐被国外学者所接受。深入了解这些分组及形状特点，对于种质资源的鉴别鉴定、开发应用以及亲缘关系分析等非常有益。常见樱亚属植物及分组见表 3-1。

表 3-1 常见樱亚属植物分组表

中文名	学 名	Rehder 的分类	俞德俊等的分类
甜樱桃	*P. avium*	*Cerasus*	*Cerasus*
酸樱桃	*P. cerasus*	*Cerasus*	*Cerasus*
草原樱桃	*P. fruticosa*	*Cerasus*	*Cerasus*
灰毛叶樱桃	*P. canescens*	*Cerasus*	—
马哈利樱桃	*P. mahaleb*	*Mahaleb*	*Mahaleb*
黑樱桃	*P. maximowiczii*	*Pyllomahaleb*	*Pyllomahaleb*
微毛樱桃	*P. clarofolia*	*Phyllocerasus*	*Phyllocerasus*

表 3-1(续)

中文名	学 名	*Rehder* 的分类	俞德俊等的分类
中国樱桃	*P. pseudocerasus*	*Lobopetalum* * (*Pseudocerasus*, Faust 1997)	*Lobopetalum* * (*Pseudocerasus*, 王贤荣 1997)
钟花樱桃	*P. campanulata*	*Pseudocerasus*	*Serrula*
高盆樱桃	*P. cerasoides*	*Pseudocerasus*	*Serrula*
东京樱花	*P. yedoensis*	*Pseudocerasus*	*Sargentella*
山樱花	*P. serrulata*	*Pseudocerasus*	*Sargentella*
托叶樱桃	*P. stipulacea*	*Pseudocerasus*	*Ceraseidos*
毛樱桃	*P. tomentosa*	*Microcerasus*	Subgen. *Microcerasus*
欧李	*P. humilis*	*Microcerasus*	Subgen. *Microcerasus*
郁李	*P. japonica*	*Microcerasus*	Subgen. *Microcerasus*
天山樱桃	*P. tianshanica*	*Microcerasus*	Subgen. *Microcerasus*

矮生樱组植物的叶腋间为三芽并生，而其他组均为单芽，进化较晚，是樱桃、李、杏的中间类型，并提供相互杂交的桥梁。最近核基因组的研究认为，矮生樱组与李亚属、桃亚属的亲缘关系较近；樱亚属的其他种和稠李亚属 *Padus*、桂樱亚属 *Laurocerasus* 聚为一组，它们间的亲缘关系比李属植物其他亚属间的关系更近。

这些研究为樱桃种质资源的收集、评价、研究和育种工作拓展了新思路。

第二节　我国樱亚属种质资源的保护和开发

一、种质资源的收集和保存

世界各国都非常重视种质资源的收集工作。在欧洲，樱桃种质资源的收集主要由育种单位承担，种质资源的收集和保存相当分散，评价标准也不一致。1983 年，欧洲作物遗传资源保存和交换合作项目在樱桃种质资源收集和评价方面，要求欧洲各国，尤是城市化进程所涉及的地区和种质资源流失快的地区，重点收集各自不能商业化的种质资源和地方的种质资源，然后根据统一的樱桃种质资源描述符进行描述。目前，欧洲主要的樱桃育种项目所保存的种质资源数量有150～600份，包括甜樱桃、酸樱桃、草原樱桃及其近缘种。主要保存国家及保存地点是：波兰的斯凯尔涅维采(Skierniewice)，瑞典的巴尔斯加德(Balsgard)，丹麦的阿尔斯列夫(Aarslev)，匈牙利的额尔德(Erd)，希腊的瑙萨(Naussa)，挪威的奥斯陆(Oslo)，德国的波恩(Bonn)、阿伦斯堡(Ahrensburg)、魏恩施蒂芬(Weihenstephan)、德雷斯顿(Dresden)，罗马尼亚的皮特什蒂(Pitesti)、雅西(Iasi)、比斯特里察(Beszterce)，保加利亚的普罗夫迪夫(Plovdiv)，塞尔维亚的查查克(Cacak)，意大利的特伦特(Trent)、维罗纳(veron)等。俄罗斯保存有世界上最多的酸樱桃和草原樱桃种质资源。美国樱桃种质资源库设在加利福尼亚州戴维斯(Davis)的国家无性种质圃，保存有300多份甜樱桃和酸樱桃种质资源。

我国樱桃种质资源的收集和保存主要由果树科研单位承担，包括中国农业科学院郑州果树研究所、北京市农林科学院林业果树研究所、山东省果树研究所、大连市农科院、烟台市农科院、西北农林科技大学等，以收集甜樱桃、中国樱桃、酸樱桃种质资源为主，保存有甜樱桃资源约200份。中国樱桃资源的收集和樱桃育种工作后劲严重不足，亟需政府和农业科研机构持续投入资金和科研力量，以广泛开展樱属植物资源的收集、整理、保存与开发利用工作。

二、种质资源的评价和利用

要开发和利用种质资源，首先要对种质资源进行科学鉴定和评价。樱桃种质资源的多样性评价，不但包括樱桃的栽培种，也应包括其近缘种。评价的重点和利用目的密切相关，应针对樱桃的植物学性状、园艺学性状、适应性和抗逆性等方面进行评价。

樱亚属植物的植物学性状评价可以参照表3-2进行。具体树种的评价方法，可以参照相应植物新品种的DUS评价规范，这类规范或标准是按照国际植物新品种保护公约制定的，如果要获得品种的保护权，必须按照这类规范进行评价。

适应性和抗性方面的评价工作十分复杂。首先是涵盖的评价范围广泛，包括抗旱性、抗涝性、抗盐性、抗寒性、耐热性、抗病性、抗虫性等；其次是许多性状是数量性状，又由许多相互作用的因素或环节组成；再次是抗性机理多种多样，还包括避性、御性和耐性等。根据樱桃育种或利用目标的要求，对于具体的指标，要不断改进评价方法与技术。

表 3-2 甜樱桃主要性状

性状	表现型	参照品种
树体类型	普通型	红灯、伯兰特(Burlat)
	紧凑型	短枝型斯坦拉(Compact stella)
树势	极弱	塞尔维亚(Sylvia)
	弱	红蜜
	中	佳红
	强	海德芬根(Hedelfinger)、先锋(Van)
	极强	红灯
树姿	直立	红灯、拉宾斯(Lapins)
	半直立	伯兰特
	开张	佳红
	下垂	
分枝力	弱	红灯
	中	海德芬根、先锋
	强	红蜜
多年生枝的颜色	灰褐	考特(Colt)
	黄褐	佳红
	红褐	红灯
1 年生枝的皮孔数目	少	萨姆(Sam)、雷尼(Rainier)
	中	海德芬根、先锋
	多	萨米脱(Summit)
1 年生枝芽与枝条的位置	紧贴	考特
	分离	萨姆、雷尼
萌芽期	早	红蜜、拉宾斯
	中	红灯、伯兰特
	晚	萨米脱
新梢梢尖花青苷显色程度	弱	萨姆
	中	红灯
	强	
叶片长度	短	红蜜
	中	那翁(Napoleon)
	长	红灯、伯兰特

表 3-2(续)

性状	表现型	参照品种
叶片宽度	窄	红蜜、海德芬根
	中	雷尼
	宽	萨米脱
叶片长、宽比	小	那翁
	中	雷尼
	大	海德芬根
叶片有无蜜腺	无	塞尔维亚
	有	红灯
叶片上表面绿色程度	浅	红艳
	中	佳红、那翁
	深	红灯、伯兰特
叶片平展度	皱褶	佐藤锦(Satonishiki)
	平展	红灯
叶柄长	短	先锋
	中	萨姆
	长	养老(Elton)、红蜜
叶柄长/叶片长	小	那翁
	中	伯兰特、萨姆
	大	养老
叶柄蜜腺大小	小	红蜜
	中	先锋、萨米脱
	大	红灯
叶柄蜜腺颜色	绿黄	先锋
	橘黄	
	浅红	伯兰特、雷尼
	暗红	红灯、萨米脱
	紫	
花蕾颜色	白	佳红、雷尼
	粉红	红灯
	红	伯兰特

表 3-2(续)

性状	表现型	参照品种
花冠直径	小	
	中	先锋、雷尼
	大	红灯、伯兰特
花瓣形状	圆形	雷尼
	中等椭圆	伯兰特、艳阳(Sunburst)
	宽椭圆	红灯、海德芬根
花瓣相对位置	分离	伯兰特
	邻接	红蜜、先锋
	重叠	
花期	极早	红蜜
	早	拉宾斯、雷尼
	中	那翁、先锋
	晚	萨米脱
	极晚	
果实大小	极小	
	小	红蜜
	中	红艳、海德芬根
	大	雷尼、萨米脱
	极大	艳阳
果实形状	肾形	红灯
	扁圆	伯兰特
	圆	艳阳
	长圆	海德芬根
	心形	萨米脱
果皮颜色	黄	
	黄底红晕	佳红、雷尼
	橘红	彩虹
	浅红	晚红珠
	红	艳阳
	深红	红灯、伯兰特
	暗红	斯坦拉(Stella)、先锋
	黑	

表 3-2(续)

性状	表现型	参照品种
果实硬度	软	红蜜
	中	彩虹
	硬	先锋
果实成熟期	极早	早丹
	早	红灯、伯兰特
	中	那翁
	晚	海德芬根、拉宾斯
	极晚	甜心(Sweetheart)
果顶	尖	萨米脱
	平	先锋、海德芬根
	凹	雷尼
果点大小	小	海德芬根
	中	红蜜
	大	萨米脱
果点数量	少	伯兰特
	中	雷尼
	多	萨米脱
果柄长度	极短	先锋
	短	伯兰特
	中	红蜜、海德芬根
	长	佳红
	极长	芝罘红
果柄粗度	细	海德芬根、那翁
	中	艳阳
	粗	红灯、先锋
果蒂离层	无	伯兰特、艳阳
	有	先锋、萨米脱
果肉颜色	乳白	那翁
	黄	红蜜、佳红
	粉红	萨米脱
	红	红灯、海德芬根
	暗红	伯兰特、先锋

表 3-2(续)

性状	表现型	参照品种
果实汁液多少	少	海德芬根、拉宾斯
	中	红灯、雷尼
	多	芝罘红
果实汁液颜色	无	佳红
	乳黄	那翁、雷尼
	粉红	萨米脱
	红	红灯、萨姆
	紫红	海德芬根
果实可溶性固形物含量	低	
	中	伯兰特
	高	红蜜
果实可滴定酸含量	低	那翁
	中	红灯
	高	先锋
果核大小	小	海德芬根、雷尼
	中	伯兰特
	大	红灯
果核形状	长椭圆	红蜜、那翁
	椭圆	佳红、萨米脱
	近圆	红灯、先锋
果核与果实相对大小	小	先锋、雷尼
	中	红灯、海德芬根
	大	伯兰特、那翁
S 基因型	S_1S_2	萨米脱
	S_1S_3	先锋
	S_1S_4	雷尼
	S_3S_4	那翁
	S_3S_5	海德芬根
	S_3S_6	红蜜
	S_3S_9	红灯、伯兰特
	S_4S_6	佳红
	S_4S_9	巨红
	S_3S_4	斯坦拉

三、重要种质资源

(一)欧樱组

欧樱组(*Cerasus* Koehne)是经济价值最高和栽培量最大的一组，包括甜樱桃、酸樱桃和草原樱桃。

1. 甜樱桃

甜樱桃(*Prunus avium* L.)，乔木。树高可达 25 m，树皮黑褐色。小枝灰棕色，嫩枝绿色，无茸毛；冬芽卵状椭圆形，无茸毛。叶片倒卵状椭圆形或椭圆卵形，长 3～13 cm，宽 2～6 cm，先端骤尖或短渐尖，基部圆形或楔形，叶边有缺刻状圆钝重锯齿，齿端陷入小腺体，上面绿色，无茸毛，下面淡绿色，被稀疏长柔毛，有侧脉 7～12 对；叶柄长 2～7 cm，无茸毛；托叶狭带形，长约 1 cm，边有腺齿。花序伞形，有花 3～4 朵，花叶同开，花芽鳞片大形，开花期反折；总梗不明显；花梗长 2～3 cm，无茸毛；萼筒钟状，长约 5 mm，宽约 4 mm，无茸毛；萼片长椭圆形，先端圆钝，全缘，与萼筒近等长或略长于萼筒，开花后反折；花瓣白色，倒卵圆形，先端微下凹；雄蕊约 34 枚；花柱与雄蕊近等长，无茸毛。核果近球形或卵球形，核表面光滑。花期 4～5 月，果期 6～7 月。

甜樱桃是樱亚属植物中最重要的栽培种，世界上约有 2 000 个栽培品种，生产上应用较广泛的有 100 多个，这些品种大多是在漫长的栽培过程中通过人工选择获得的生产性品种，至今许多传统品种仍然在生产中发挥着重要作用。有目标的甜樱桃育种工作开始于 20 世纪初，距今不过 100 多年的历史，但樱桃育种工作成效显著，育成的新品种迅速在生产上推广应用，并成为当今樱桃栽培品种的主流，如先锋、雷尼等品种。

我国甜樱桃的育种工作起步较晚。始于 20 世纪 60 年代，收集保存的品种资源在 150 个以上。目前已经培育出有自主知识产权的甜樱桃新品种 20 多个。大连市农业科学院培育出红灯、红艳、红蜜、明珠、晚红珠、饴珠、丽珠、泰珠等品种，中国农业科学研究院郑州果树研究所培育出龙冠、春晓、春艳、春绣等品种，北京市农林科学院林业果树研究所培育出早丹、彩虹、彩霞、香泉 1 号、香泉 2 号等品种，山东省农业科学研究院果树研究所培育出泰山红日、泰山朝阳等品种。在品种特性方面，红灯果大质优、成熟早、抗性强，综合性状优良，成为了我国樱桃生产的主栽品种。在成熟期方面，早熟品种有早丹、泰山朝阳、香泉 2 号等，晚熟品种有晚红珠、彩霞等。香泉 1 号具有自花结实的特性。丰富多彩的甜樱桃新品种各有其特点和优势，为樱桃生产提供了充足的品种选择，并且这些品种比较适应我国不同产区的气候条件，对我国樱桃产业的发展起到了强劲的推进作用。

樱桃性状丰富的多样性，为市场提供了更多的选择，也是实现不同育种目标的前提基础。甜樱桃主要性状的变异见表 3-2。

除植物学形态性状外，研究人员还对樱桃的早果性、产量、树体大小、授粉亲和性、花期、果实特性、抗性、砧木等进行了深入研究，并找到了获得这些特性的遗传材料。如先锋的后代能够传递早果性；用萨米脱作亲本杂交能获得果实大果型的后代；德莫斯道夫（Germersdorfer）果实不带果梗自行脱落，这个特性有利于樱桃的机械化采收。

2. 酸樱桃

酸樱桃（*Prunus cerasus* L.），乔木。树高可达 10 m，树冠圆球形，常具开张和下垂枝条，有时自根蘖生枝条而成灌木状。树皮暗褐色，有横生皮孔，呈片状剥落；嫩枝无茸毛，起初绿色，后转为红褐色。叶片椭圆倒卵形至卵形，长 5～12 cm，宽 3～8 cm，先端急尖，基部楔形并常有 2～4 腺，叶边有细密重锯齿，下面无茸毛或幼时被短柔茸毛；叶柄长 1～5 cm，无腺或具 1～2 腺；托叶线形，长达 8 mm，有腺齿。花序伞形，有花 2～4 朵，花叶同开，基部常有直立叶状鳞片；花直径 2～2.5 cm；花梗长 1.5～3.5 cm；萼筒钟状或倒圆锥状，无茸毛，萼片三角形，边有腺齿，向下反折；花瓣白色，长 10～13 mm。核果扁球形或球形，直径 12～15 mm，鲜红色；果肉浅黄色，味酸，黏核；核球形，褐色，直径 7～8 mm。花期 4～5 月，果期 6～7 月。$2n=4x=32$。

酸樱桃原产欧洲和西亚，为草原樱桃与欧洲甜樱桃的天然杂交种，在北欧各国广泛栽培。我国辽宁、山东、河北、江苏、北京等地有少量引种试栽。

3. 草原樱桃

草原樱桃（*Prunus fruticosa* Pall），灌木。树高 0.2～1 m，小枝紫褐色，嫩枝绿色，无茸毛。冬芽卵形，无茸毛，鳞片边有腺体。叶片倒卵形、倒卵状长圆形至披针形，长 3～6 cm，宽 1.5～2.5 cm，先端急尖或短渐尖，基部楔形，边有圆钝锯齿，上面绿色，下面淡绿色，两面均无茸毛，侧脉 6～9 对，叶柄长 8～15 mm，无茸毛；托叶线形，长 3～4 mm，边缘有腺体。伞形花序，有花 3～4 朵，花叶同开；花序基部有数枚小叶，比普通叶小，倒卵状长圆形，长 1～2 cm；总梗长 3～8 mm，无茸毛；花梗长 2～4 cm，无茸毛；萼筒管形钟状，长 0.7～1 cm，宽约 4 mm，无茸毛，萼片卵圆形，先端圆钝，边有腺体；花瓣白色，倒卵形，先端微有缺刻，长 6～7 mm；雄蕊多数；花柱无茸毛。核果卵球形，红色，味甜酸，纵径约 1 cm，横径约 8 mm；核表面平滑。花期 4～5 月，果期 7 月。$2n=32$。草原樱桃植株各部光滑无毛，叶片倒卵长圆形，边有圆钝锯齿，伞形花序基部有小叶片，易于识别。

草原樱桃抗寒耐旱，核果味甜酸，在俄罗斯作为酸樱桃栽培，可用作培育寒地樱桃品种和甜樱桃砧木育种的材料，也可作为观赏灌木。

欧洲南部、小亚细亚、西伯利亚、哈萨克斯坦以及我国的新疆均有分布，野生或有栽培。

(二)樱花组

樱花组(*Pseudocerasus* Koehne)腋芽单生，萼片自立或展开。樱花组包括中国樱桃、山樱花、东京樱花、钟花樱桃、高盆樱桃、云南樱、蒙自樱等。

1. 中国樱桃

中国樱桃(*Prunus pseudocerasus* Lindl)，乔木。树高 6～8 m，嫩枝无茸毛或微被柔毛。叶片卵圆形至椭圆卵圆形，长 8～15 cm，宽 5～7 cm，先端渐尖或尾状渐尖，基部圆形，边有大小不等尖锐重锯齿，齿端有小腺体，侧脉 7～10 对，上面无茸毛或微被柔茸毛，下面沿脉或脉间有稀疏柔茸毛；叶柄长 8～15 mm，被疏柔茸毛；托叶常 3～4 裂，并有腺齿。花序伞房或近伞房状，有花 3～6 朵；花先叶开放，直径 1.5～2.5 cm；花梗长 0.8～1.9 cm，被稀疏短柔茸毛；萼筒钟状，外面被疏柔茸毛，萼片三角卵圆形或卵状长圆形，先端急尖或钝，边缘全缘，花后反折；花瓣白色，卵圆形，先端下凹或二裂；花柱与雄蕊近等长，无茸毛。核果近球形，红色，直径约 1 cm。$2n=32$。萌芽期 3 月上、中旬，花期 3～4 月，果期 5～6 月。

分布在我国的河北、陕西、山西、甘肃、山东、河南、江苏、浙江、江西、四川、贵州、广西等地，生长在海拔 300～600 m 的山坡阳处或沟边。喜日照充足、温暖而略湿润的气侯及肥沃而排水良好的沙壤土，有一定的耐寒和耐旱能力。栽培品种果个较大，品质较好。

果实供食用及加工，叶、根和花可入药。

2. 山樱花

山樱花(*Prunus serrulata* Lindl)，别名樱花、青肤樱，乔木。树高可达 25 m，树皮平滑，深栗褐色；小枝无茸毛。叶片卵圆形或倒卵圆形，长 6～12 cm，基部圆形，先端渐尖，边缘有渐尖单锯齿或重锯齿，齿尖具芒，有小腺体，两面无茸毛；叶柄长 1.5～3 cm，有 2～4 腺，无茸毛。花序伞房总状或近伞形，花 3～5 朵，总梗有或无，有叶状苞，褐色或淡绿褐色；萼筒钟状，无茸毛，萼片先端渐尖或急尖，全缘；花瓣白色至粉色；花柱无茸毛。果实球形或卵球形，紫黑色。萌芽期 3 月上、中旬，花期 4～5 月，6～7 月成熟，10 月下旬落叶。

分布在我国的黑龙江、辽宁、河北、山东、湖南、湖北、江苏、浙江、江西、安徽、福建、贵州等地，生长在海拔500～1 500 m的山谷林中。日本、朝鲜也有分布。变种变型很多，是日本樱花的重要亲本。耐寒、抗旱，可作樱桃和樱花的砧木，采用种子繁殖。

3. 东京樱花

东京樱花（*P. yedoensis* Mats），乔木。树高可达16 m，树皮平滑，暗灰色；小枝微被短柔茸毛。叶片椭圆形、卵圆形至倒卵圆形，长5～10 cm，宽2.5～5.5 cm，边缘有细尖重锯齿，上面无茸毛，下面叶脉具短柔茸毛；叶柄长0.7 cm，被短柔茸毛，常具2腺。花5～6朵，呈短柄总状花序；花直径2～3 cm，花梗长约2 cm，被短柔茸毛；萼筒圆筒状，被短柔茸毛；萼片长圆三角形，有细锯齿；花瓣白色或粉色，卵圆形或长圆卵圆形，先端凹陷，微香；花柱近基部有柔茸毛，子房无茸毛或微被茸毛。果实近球形，黑色。$2n=16$。

原产日本，推测为山樱桃与日本早樱的天然杂交种。我国各地的庭园中常见栽培，有重瓣、大花和垂枝等类型变种。

4. 钟花樱桃

钟花樱桃（*P. campanulata*），别名福建山樱花、绯樱，乔木或灌木。树高3～8 m，树皮黑褐色，小枝灰褐色或紫褐色，无茸毛。叶较小，叶片卵形、卵状椭圆形或倒卵状椭圆形，近革质，长4～7 cm，宽2～3.5 cm，叶柄较短，长8～13 mm，无茸毛，顶端常有腺体2个；托叶早落。伞形花序，有花2～4朵，先叶开放，总梗短，长2～4 mm；花瓣倒卵状长圆形，粉红色，先端颜色较深，下凹，稀全缘；花柱通常比雄蕊长，无茸毛；花萼长圆形，先端圆钝，全缘。核果卵球形，较小，顶端尖；核表面微具棱纹。花期2～3月，果期4～5月。

喜温暖湿润气候，不耐严寒。喜阳，郁闭时叶色不鲜艳。对土壤要求不严，黏质土壤中也能生长，较耐湿。生长势强，萌芽力亦强。分布在我国的浙江、福建、台湾、广东、广西等地，生长在海拔100～800 m的山谷林中及林缘。日本、越南也有分布。

钟花樱桃早春开花，花大而艳丽，在华东、华南可栽培，具有极大的观赏价值，已与其他种杂交获得多个观赏价值极高的品种，如花期最早的寒樱及满树红花的阳光樱等。

5. 高盆樱桃

高盆樱桃[*P. cerasoides* (D. Don) Sok]，乔木。树高3～10 m；枝幼时绿色，被短柔毛，不久脱落；老枝灰黑色。叶片卵状披针形，先端长渐尖，基部圆钝，叶边有细锐重锯齿或单锯齿尖，齿端有小型头状腺体，两面无茸毛，近革质。花叶同放，伞形花序，花1～3朵，有短总花梗，长1～1.5 cm，总梗无茸毛；苞片近圆形，边有腺齿，革质，花后宿存或脱落；花梗长 1～2 cm，无茸毛；萼筒钟状，深红色，萼片三角形，先端急尖，全缘，常带红色；花瓣卵圆形，先端全缘或微凹，淡粉至白色；花柱与雄蕊等长，无茸毛。核果卵圆形，紫黑色；核卵圆形，顶端圆钝，边有深沟和孔穴。花期 10～12 月。

分布在我国的云南和西藏南部，生长在海拔 1 300～2 200 m 的沟谷密林中。尼泊尔、不丹、缅甸也有分布。

6. 云南樱

云南樱[*P. yunnanensis*(Franch.) Yu et Li]，乔木。树高 4～8 m；树皮灰色；小枝灰褐色，无毛；嫩枝绿色，被微硬毛，早期脱落。叶片长圆形、倒卵形或卵状长圆形，先端渐尖，边有尖锐锯齿间有少数重锯齿，齿端有小腺体；叶柄被微硬茸毛或脱落几无茸毛。花序近伞房总状，有花 3～7 朵；花叶同开或近先叶开放，总梗长 5～10 mm，密被硬茸毛；苞片卵形或倒卵形，膜质或革质，褐色或绿色，长 2～3 mm，边有腺齿；花梗长 0.5～2 cm，微被硬茸毛；萼筒管形钟状，密被硬茸毛，萼片反折，卵形，先端圆钝，约为萼筒长的 1/2 或不到 1/2；花柱基部有稀疏柔茸毛。核果卵球形，紫红色，核表面微有棱纹。花期 3～5 月，果期 5～6 月。

分布在我国的云南、四川、广西，生长在海拔 2 300～2 600 m 的山谷林中或山坡地边。云南樱花部变化较大，被发表为多个变种。

7. 蒙自樱

蒙自樱[*P. henryi*(Schneid) Yu et Li]，乔木或灌木。树高约 3 m；小枝紫褐色，无毛。冬芽卵形，无毛。叶片长卵形或卵状长圆形，先端渐尖，基部楔形或圆形，边有尖锐单锯齿或重锯齿，齿端有小圆腺体，上面无茸毛，下面无茸毛或仅脉腋有簇茸毛；托叶狭带形，短于叶柄或与叶柄近等长，边有腺齿。花序近伞房总状，有花 3～7 朵，先叶开放；总梗极短，长 4～8 mm，无茸毛；苞片倒卵形，褐色或略带绿色，长 2～3 mm，无茸毛或被疏柔茸毛，边有腺齿；花梗无茸毛；萼筒管形钟状，无茸毛，萼片长圆三角形，先端急尖或钝，边有疏齿，约为萼筒长的 1/2，花后反折；花柱与雄蕊近等长，基部有稀疏长茸毛。花期 3 月，果期 4～5 月。

分布在我国的云南，生长在海拔 1 400～2 000 m 的山谷或山坡林中，较稀少。

(三)圆叶组

圆叶组(*Mahaleb* Focke)腋芽单生，叶片圆形、卵形或椭圆形，萼片反折，总状花序。圆叶组主要有马哈利樱桃。

马哈利樱桃(*P. Mahaleb* Linn)，乔木。树高可达 10 m 以上；小枝灰褐色，密被短柔茸毛。冬芽卵形，芽鳞外密被短柔茸毛或脱落几无毛。叶片卵形、近圆形或椭圆形，长 3.5～5 cm，宽 2.5～3.5 cm，先端骤尖或急尖，基部圆形，边有圆钝锯齿，齿端有小腺体，上面绿色，无茸毛，下面淡绿色，中脉突出，被短柔茸毛，侧脉通常 8～12 对，被稀疏柔茸毛或脱落几无毛；叶柄长 2～3 cm，先端有 1～2 个腺体或腺体着生在叶基部，幼时被短柔茸毛，老时脱落几无毛；托叶卵状披针形，边有腺齿。花序伞房总状，基部有 2～3 片退化小叶，花序长 4～5 cm，有花 5～8 朵，近先叶开放；苞片小，直径 0.5～1 mm，膜质，褐色，卵形；先端齿裂；花梗长 1～1.5 cm，无茸毛；萼筒倒圆锥状或钟状，长约 3 mm，先端宽约 3 mm，外面无茸毛，萼片长圆卵形，先端圆钝，全缘，与萼筒近等长或比萼筒稍短；花瓣白色，倒卵形或短椭圆形，长约 5 mm，先端圆钝；雄蕊 20～25，稍短于花瓣；子房无茸毛，柱头头状。核果成熟后黑色，近圆形，直径 7～8 mm；核两侧稍扁，光滑。花期 5 月，果期 7 月。$2n=16$。

原产欧洲及亚洲西部，栽培历史长，主要供观赏用，常用作樱桃砧木。我国的陕西、辽宁、河北等地有庭园栽培。

(四)总状组

总状组(*Phyllomahaleb* Koehne)腋芽单生，萼片反折，总状花序，具总梗。总状组中包括黑樱桃、雕核樱桃等。

1. 黑樱桃

黑樱桃(*P. maximowiczii* Rupr)，乔木。树高可达 7 m，树皮暗灰色；小枝灰褐色，嫩枝淡褐色，密被长柔茸毛。冬芽长卵形，鳞片外面伏生短柔茸毛。叶片倒卵形或倒卵状椭圆形，长 3～9 cm，宽 1.5～4 cm，先端骤尖或短尾尖，基部楔形或圆形，边有重锯齿，上面绿色，除中脉伏生疏柔茸毛外，其余无茸毛，下面淡绿色，除中脉和侧脉上有伏生疏柔毛茸外，其余无茸毛，侧脉 6～9 对；叶柄长 0.5～1.5 cm，密生柔茸毛；托叶线形，边有稀疏深紫色腺体，与叶柄近等长或较短，花后脱落。伞房花序，有花 5～10 朵，基部具绿色叶状苞片，花叶同开；总苞片匙状长圆形，长 1～1.5 cm，上部最宽处 5～6 mm，外面被稀疏柔茸毛，边有稀疏暗红色小腺体，花后脱落；花轴密被伏生柔茸毛；苞片绿色，卵圆形，长 5～7 mm，宽 5～7 mm，边有尖锐锯齿，无腺体或腺体不明显；花梗长 0.5～1.5 cm，密被伏生柔茸毛；花直径约 1.5 cm；萼筒倒圆锥状，长 3～4 mm，先端宽 2.5～3 mm，外面伏生短柔茸毛，萼片椭圆三角形，比萼筒稍长或与之近等长，先端通常渐尖，边有疏齿，齿端有不明显的细小腺体或无；花瓣白色，椭圆形，长 6～7 mm，宽 5～6 mm；雄蕊约 36 枚；花柱与雄蕊近等长，柱头扩大，头状。核果卵球形，成熟后变黑色，纵径 7～8 mm，横径 5～6 mm；核表面有数条显著棱纹。花期 6 月，果期 9 月。

分布在我国的黑龙江、吉林、辽宁等地，生长在阳坡杂木林中或有腐殖质的土石坡上，也见于山地灌丛及草丛中。俄罗斯的远东地区、朝鲜和日本均有分布。

2. 雕核樱桃

雕核樱桃[*P. pleiocerasus*(Koehne)Yü et Li]，乔木。树高 3～7 m，树皮灰褐色；小枝灰褐色，嫩枝淡红褐色或淡红绿色，无茸毛。冬芽椭圆卵形，无茸毛。叶片通常卵状长圆形或倒卵状长圆形，长约 8.5 cm，宽 2～3.5 cm，先端渐尖，基部楔形或圆形，边有细锯齿，浅而钝，齿端腺体小圆锥状，上面深绿色，无茸毛，下面淡绿色，无茸毛或脉腋有簇茸毛，侧脉 9～12 对；叶柄长 0.8～2 cm，无茸毛，顶端 1～3 枚腺体；托叶卵圆形或卵状椭圆形，边缘有锯齿，齿端有圆锥状腺体。花序近伞房总状，长 4～6 cm，有 2～9 花，下部常有数枚苞片不孕或无不孕苞片；总苞片褐色，倒卵状椭圆形，长 4～8 mm，宽 4～5 mm，边有圆锥状腺齿；花轴无茸毛；苞片宽卵形，长宽近相等或长略甚于宽，直径 2～5 mm，边有圆锥状腺体；花梗长 1～1.5 cm，无茸毛，萼筒钟状，长 3～4 mm，上面最宽处 3～4 mm，外面无茸毛，萼片三角形或三角状披针形，先端渐尖，边有圆锥状腺体；花瓣白色，近圆形；雄蕊 30～34 枚；花柱比雄蕊稍长，柱头稍扩大呈小盘状。核果红色或黑色，球形，纵径 7～8 mm，横径约 3 mm，核表面有显著棱纹。花期 6～7 月，果期8～9 月。

分布在我国的四川西部、云南北部，生长在海拔 2 000～3 400 m 的山坡林中。模式标本采自四川汶川。

(五)伞状组

伞状组(*Phyllocerasus* Koehne)腋芽单生，萼片反折，伞状花序，总梗短或无。伞状组主要有微毛樱桃。

微毛樱桃(*P. clarofolia* Koehne)，灌木或小乔木。树高 2.5～20 m，树皮灰黑色；小枝灰褐色，嫩枝紫色或绿色，无茸毛或多少被疏柔茸毛。冬芽卵形，无茸毛。叶片卵形、卵状椭圆形或倒卵状椭圆形，长 3～6 cm，宽 2～4 cm，先端渐尖或骤尖，基部圆形，边有单锯齿或重锯齿，齿渐尖，齿端有小腺体或不明显，上面绿色，疏被短柔茸毛或无茸毛，下面淡绿色，无茸毛或被疏柔茸毛，侧脉 7～12 对；叶柄长 0.8～1 cm，无茸毛或被疏柔茸毛；托叶披针形，边有腺齿或有羽状分裂腺齿。花序伞形或近伞形，有花 2～4 朵，花叶同开；总苞片褐色，匙形，长约 0.8 mm，宽 3～4 mm，外面无茸毛，内面被疏柔茸毛；总梗长 4～10 mm，无茸毛或被疏柔茸毛；苞片绿色，果时宿存，近卵形、卵状长圆形或近圆形，直径 2～5 mm，边有锯齿，齿端有锥状或头状腺体；花梗长 1～2 cm，无毛或被稀疏柔茸毛；萼筒钟状，无茸毛或几无茸毛，萼片卵状三角形或披针状三角形，先端急尖或渐尖，边有腺齿或全缘；花瓣白色或粉红色，倒卵形至近圆形；雄蕊 20～30 枚；花柱基部有疏柔茸毛，比雄蕊稍短或稍长，柱头头状。核果红色，长椭圆形，纵径 7～8 mm，横径 4～5 mm；核表面微具棱纹。花期 4～6 月，果期 6～7 月。

分布在我国的河北、山西、陕西、甘肃、湖北、四川、贵州、云南等地，生长在海拔 800～3 600 m 的山坡林中或灌丛中。模式标本采自重庆南川。

(六)矮生樱组

矮生樱组(*Microcerasus* Webb)包括毛樱桃、欧李、郁李、麦李、天山樱桃、沙樱等。

1. 毛樱桃

毛樱桃[*P. tomentosa*(Thunb.) Wall]，灌木。叶片卵状椭圆形或倒卵状椭圆形，先端急尖或渐尖，基部楔形，边有急尖或粗锐不整齐锯齿，上面被疏柔茸毛，下面密被灰色茸毛或以后变为稀疏；叶柄被茸毛或脱落稀疏。花单生或 2 朵簇生，花叶同开，近先叶开放或先叶开放；花梗长约 2.5 mm 或近无梗；萼筒管状或杯状，外被短柔茸毛或无茸毛，萼片三角卵形，红色，有茸毛，先端圆钝或急尖；花柱与雄蕊近等长或稍长；子房全部被茸毛或仅顶端或基部被茸毛。核果近球形，红色；核表面除棱脊两侧有纵沟外，无棱纹。花期 4～5 月，果期 6～9 月。

分布在我国的黑龙江、吉林、辽宁、内蒙古、河北、山西、陕西、甘肃、宁夏、青海、山东、四川、云南、西藏等地，生长在海拔 100～3 200 m 的山坡林中、林缘、灌丛中或草地。性喜光，耐寒耐旱，可生于瘠薄及轻碱土。

2. 欧李

欧李[*P. humilis*(Bge.) Sok]，灌木。叶片倒卵状长椭圆形或倒卵状披针形，中部以上最宽，先端急尖或短渐尖，基部楔形，边有单锯齿或重锯齿，上面无茸毛，下面无茸毛或被稀疏短柔茸毛；托叶线形，边有腺体；叶柄无茸毛或被稀疏短柔茸毛。花单生或 2～3 朵簇生，花叶同开；花梗长 5～10 mm，被稀疏短柔茸毛；萼筒长宽近相等，外面被稀疏柔茸毛，萼片三角卵圆形，先端急尖或圆钝；花柱与雄蕊近等长，无茸毛。核果近球形，红色或紫红色；核表面除背部两侧外无棱纹。花期 4～5 月，果期 6～10 月。

分布在我国的黑龙江、吉林、辽宁、内蒙古、河北、山东、河南、江苏等地，生长在海拔 100～1 800 m 的阳坡沙地、山地灌丛中，或在庭园栽培。

3. 郁李

郁李(原变种)[*P. japonica*(Thunb.) Lois]，灌木。叶片卵形或卵状披针形，先端渐尖，基部圆形，变异缺刻状尖锐重锯齿，上面无茸毛，下面无茸毛或脉上有疏柔茸毛；叶柄无茸毛或被疏柔茸毛。花1～3朵，簇生，花叶同放或花先叶开放；花梗长5～10 mm，无茸毛或被疏柔茸毛；萼筒陀螺状，长宽近相等，无茸毛，萼片椭圆形，比萼筒略长，先端圆钝，边有细齿；花柱比雄蕊近等长，无茸毛。核果近球形，深红色；核表面光滑。花期5月，果期7～8月。

分布在我国的黑龙江、吉林、辽宁、河北、山东、浙江、福建、江西等地，生长在海拔高度100～200 m的山坡林下、灌丛，或栽培。日本和朝鲜也有分布。性喜阳，耐严寒和干旱，耐湿力也较强。经长期栽培，本种下也有半重瓣、重瓣和花色的变化，品种较多。郁李花朵繁茂，在庭园中多丛植观赏。果实可生食，核仁可药用。

4. 麦李

麦李[*P. glandulosa*(Thunb.) Lois]，灌木。叶片长圆披针形或椭圆披针形，先端急尖或常圆钝，基部楔形，最宽处在中部，边有细钝重锯齿，两面均无茸毛或在中脉上有疏柔茸毛；叶柄无茸毛或上面被疏柔茸毛。花单生或2朵簇生，花先叶开放或近花叶同开；花梗长6～8 mm，几无茸毛；萼筒钟状，长宽近相等，无茸毛，萼片三角状椭圆形，边有锯齿；花柱稍比雄蕊长，无茸毛或基部有疏柔茸毛。核果红色或紫红色，近球形。花期3～4月，果期5～8月。

分布在我国的陕西、河南、山东、江苏、安徽、浙江、福建、广东、广西、湖南、湖北、四川、贵州、云南等地，生长在海拔800～2 300 m的山坡、沟边或灌丛中。日本也有分布。

麦李栽培状况下变异较多，根据花色、单瓣或重瓣、花梗、小枝及花柱被茸毛等划分为栽培变种或变型。常见栽培品种有粉花麦李(*f. rosea* Koehne)，白花重瓣麦李(*f. albo-plena* Koehne)，粉花重瓣麦李[*f. sinensis*(Pers.) Koehne]，是草坪、路边或庭园中常见的观赏树种，宜于丛栽，也可作基础种植、盆栽或切花、插花材料。尤其是重瓣品种，春天开花时满株鲜艳，甚为美观，具有较大的观赏价值。

5. 天山樱桃

天山樱桃(*P. tianshanica* Pojark)，灌木。树高1～1.5 m，小枝灰褐色，嫩枝被灰白色绒毛。冬芽卵形，鳞片外面疏被白色茸毛。叶片簇生于短枝上，倒卵状披针形，长8～16 mm，宽3～7 mm，先端急尖或圆钝，基部楔形，叶边锯齿尖锐，上面绿色，下面淡绿色，两面均无茸毛，侧脉4～5对；叶柄长

1～2 mm，无茸毛；托叶线形，长约 2 mm。花单生，花叶同开；花梗长约 1.5 mm，无茸毛；萼筒管状，长 2～8 mm，宽约 2.5 mm，无茸毛，萼片卵状三角形，先端急尖，外面无茸毛，内面有白色茸毛；花瓣淡红色，倒卵形；雄蕊约 22 枚，通常着生在管内壁上而不伸出花冠外；花柱与雄蕊近等长，基部有稀疏长柔茸毛。核果紫红色，近球形，顶部有稀疏长柔茸毛，直径 6～7 mm；核表面平滑。花期 4～5 月，果期 6～7 月。

分布在我国的新疆地区，生长在海拔 700～1 600 m 的山坡草地或林下。俄罗斯、中亚地区也有分布。

6. 沙樱

沙樱(*Prunus pumila* L.)，多分枝灌木。匍匐状，高 0.5～3 m。叶通常为披针形，宽 10～20 mm，伞状花序，呈 2～4 簇。果实为单种子核果，直径 10～15 mm，种子为扁平的核，直径 7～8 mm。扩展型根系主要分布于大于 25 cm 深的富含矿质的土壤层，某些类型的根系可扩展至 2.6～4.0 m 的深土层。具根茎，在深浅不同的土层中分布均匀。花期 4～6 月，果实成熟期 7～9 月，花叶同开或叶片伸展一半时开花，营养生长后第 2 年或第 3 年开始结果。

通常生长在沙质、含碎石或岩石的土壤、沙丘、海滩或冰水沉积平原等地，这些地方常干燥或极度干旱，含石灰质、盐渍土壤。有的能忍耐 pH 值 4.0 的酸碱度，其中西沙樱(Western sand cherry)这个品种可耐抗－40℃的低温。分布区横跨美国北部与加拿大东部。

参考文献

[1]俞德浚，李朝銮．中国植物志第三十八卷[M]．北京：科学出版社，1986：41-89.

[2]安雯，曹阳，李俞涛，等．植物自交不亲和性的研究进展与展望[J]．信阳师范学院学报(自然科学版)，2009，22(04)：630-634.

[3]李玉生，程和禾，陈龙，等．中国樱桃与甜樱桃种质资源在我国的分布[J]．河北果树，2019(2)：3-4，7.

[4]李明，刘聪利，齐希梁，等．中国甜樱桃产业的品种现状、需求特点与未来育种目标[J]．落叶果树，2019，51(3)：5-7，2-3.

[5]段续伟，李明，谭钺，等．新中国果树科学研究 70 年——樱桃[J]．果树学报，2019，36(10)：1339-1351.

[6]孙强，郑玮，潘凤荣．环渤海地区甜樱桃育种和栽培技术研究概况[J]．北方果树，2020(1)：7-9.

[7]陈浩，张开春，周景哲，等．世界樱桃产业现状及对北京市樱桃产业发展的建议[J]．落叶果树，2020，52(4)：27-30.

第四章　樱桃品种与砧木

樱桃是落叶果树中最早成熟的水果，其外观美丽，风味浓郁，深受国人喜爱。新中国成立以来，我国樱桃品种与砧木育种工作取得了较快发展。1973年旅大市农科所(现大连市农业科学研究院)王逢寿育成我国第一个甜樱桃新品种红灯，因其成熟期早、果个大、颜色紫红、酸甜适口、品质优良、树势强健，成为我国的主栽品种。迄今，国内多家单位先后培育出甜樱桃新品种50多个，储备优系600多个。比如，大连市农业科学研究院育成蜜泉、蜜露、佳红等，北京市林业果树研究院育成香泉1号、香泉紫云等，山东省果树研究所育成鲁樱3号、齐早等，烟台市农业科学研究院育成福星、福晨等。砧木育种是甜樱桃产业可持续发展的难点和重点，主要育种目标是：适应国内土壤和生态气候条件，促进接穗早实、丰产，树体健壮，抗逆性强，易繁育。通过远缘杂交等途径，先后选育出10多个砧木新品种，初步解决了“樱桃好吃树难栽”的问题。

第一节　品种的选择与应用

根据市场需求导向和品种商品特性选用优良的樱桃品种，为优质丰产奠定遗传基础，实现早中晚品种的合理区域布局。生产上大面积栽培发展的品种，应是通过省级以上部门审定、认定的品种。对主栽甜樱桃品种的要求是果实个头大、风味佳，果色深红色，耐贮运。从种植角度考虑，要求树体健壮、长势中庸、成花容易、丰产稳产、抗裂果、畸形果率低、抗病虫害、耐瘠薄、抗逆性强、适应性广；从市场角度来看，消费者喜欢好看、个大、口感好的品种，经销商喜欢耐运输、货架期长的品种。

选择主栽品种时，主要考虑以下几点：

(1)果实成熟期。甜樱桃的果实发育期一般为30～80 d。早熟品种上市早，成熟期多在雨季到来前，一般不易发生裂果；中晚熟品种丰产稳产，但发育期稍长，容易遭受病虫为害或果实成熟期遇雨裂果。因此，生产上应因地制宜地选择品种，注意早中晚品种的合理搭配，延长供应期。

（2）果实色泽。从人们的爱好和消费习惯来看，深色（红色或紫色）品种比浅色（黄色）品种更具有吸引力。因此，应以选用深色品种为主，红灯、先锋、拉宾斯等都是比较好的深色品种。但黄色品种中有一些丰产、果个较大、风味好的优良品种，如佐藤锦、雷尼、红蜜等，也可作为主栽品种发展。建议深色和浅色品种的比例为 6∶3 或 7∶4。

（3）果实大小。甜樱桃单果质量在 9 g 以上的品种市场销量大，价格也高，因而在选择品种时应考虑果个大的。目前生产上用的美早、萨米脱、艳阳、雷洁娜、雷尼等品种均属大果型品种。

（4）抗裂果。裂果是影响果实品质的一个非常重要的因素。拉宾斯、萨米脱、斯坦拉、甜心、秦林等都是抗裂果品种。

（5）果实风味。优良甜樱桃品种的可溶性固形物含量应达到 17%～19%。雷尼、佐藤锦、红蜜等黄色品种口感好、甜味浓。

（6）丰产性。多数甜樱桃品种自交不结实，需要配植授粉品种。近年推出的自花授粉品种，在授粉品种配植不良的情况下也能保证较好的丰产性，如拉宾斯、艳阳等。还有一些品种适应性强、抗逆性强，容易丰产、稳产，如滨库、先锋、雷尼等。

目前，国际上普遍栽培的甜樱桃品种中，传统品种主要有滨库（Bing）、那翁（Napoleon）、伯兰特（Burlat）、先锋（Van）、兰伯特（Lambert）、拉宾斯（Lapins）、雷尼（Rainier）等，最受欢迎的新品种主要有科迪亚（Kordia）、萨米脱（Summit）、雷洁娜（Regina）、斯基娜（Skeena）、塞尔维亚（Sylvia）和甜心（Sweetheart）。欧洲较受欢迎的甜樱桃品种为科迪亚、斯坦拉（Stella）、维斯塔（Vista）、甜心、艳阳（Sunburst）。

美国是甜樱桃栽培的先进国家，主要栽培品种有滨库、先锋、雷尼、拉宾斯、秦林（Chelan）、甜心、斯基娜、布鲁克斯（Brooks）等，多数为深红色品种，只有雷尼为浅色品种，雷尼是早实、大果、丰产、硬肉类型品种。据报道，2006 年美国华盛顿州栽培的甜樱桃幼树（还没有结果）中甜心占 34.3%、斯基娜占 14.3%、滨库占 12.8%、秦林占 11.3%、雷尼占 8.5%，其他品种占 18.8%；俄勒冈州的主要栽培品种为滨库、甜心、罗亚安舍（Royal Ansel）和拉宾斯，占总栽培面积的 67%，甜心和斯基娜是俄勒冈州最受欢迎的品种；加利福尼亚州的主要栽培品种为滨库、图乐（Tulare）、布鲁克斯、雷尼、红宝石（Ruby）等。

尽管各樱桃栽培国都有许多甜樱桃栽培品种，但大多数国家一般只有 1～

2 个主栽品种，其他新引种的品种较难得到推广。例如，土耳其的主栽品种为中晚熟的 0900Ziraat，法国的主栽品种为莫莉（Bigarreaux），智利和阿根廷的主栽品种是滨库。在美国，深色品种中滨库是主栽品种，但其主导地位已受到许多新品种的挑战，在浅色品种中雷尼一直占主导地位；在早熟品种中，布鲁克斯、秦林和美早正在逐步替代滨库的地位，而在晚熟品种中，甜心和斯基娜所占比例较大。西班牙的无果柄皮科塔（Picota）品种最著名，它包含一系列不同的甜樱桃品种。科迪亚在许多欧洲国家很受欢迎。

目前，我国大面积栽培的甜樱桃品种主要有红灯、美早、萨米脱、先锋、拉宾斯、佳红、明珠、早大果、艳阳等。美早是目前我国设施栽培中的主栽品种。

第二节 栽培优良品种

一、自主选育的优良品种

1. 红灯

由大连市农业科学研究院 1963 年杂交育成，1973 年定名，S 基因型为 S_3S_9。20 世纪 80 年代初在烟台最早大批量推广，是目前我国广泛栽培的早熟、大果型、红色、异花授粉优良品种。

图 4-1 红灯

平均单果质量 9.2 g，最大单果质量 12 g。果实肾脏形，果柄粗短，果皮红色至暗红色，富有光泽；果肉肥厚、多汁，较软，酸甜适口；果核圆形，中等大小；可食率 92.9%。果实发育期 40～45 d，烟台地区 5 月底至 6 月上旬成熟。树势强健，生长旺盛，幼树直立性强，1～2 年生枝直立粗壮，生长迅速，容易徒长；进入结果期较晚，初果年限较长，中长果枝较多。盛果期后，短果枝、花束状和莲座状果枝增多，树冠逐渐半开张，果枝连续结果能力强。叶片大，椭圆形，较宽，叶面平展，深绿色，有光泽，叶柄基部有 2～3 个紫红色或紫色长肾形大蜜腺，叶片在枝条上呈下垂状着生；花芽大而饱满；萌芽力高，成枝力强，外围新梢中短截后，平均发长枝 5.4 个。

粗壮的 1 年生长条甩放，当年不容易形成叶丛花枝。细弱枝甩放，易形成"一串叶丛"花枝。生产中应对粗旺的 1 年生枝留 2～4 芽极重短截，重新培养细弱枝，再甩放促花。树势中庸偏弱时较丰产；树势太弱时，虽结果多，但果个小。红灯是树势较强的品种，采用半矮化砧木吉塞拉 6 号有利于控制树势，提早结果。花芽分化期遇高温天气容易形成双柱头花芽，来年出现畸形果或连体果。该品种由于栽培时间长，病毒病感染较重，表现为叶片狭长、不平展，叶脉两侧不对称，产量低，果个小等。生产中应尽早淘汰病毒树。育苗时采集健壮树上的枝条。

2. 福晨

烟台市农科院果树研究所杂交选育的极早熟、大果型、红色、异花结实优良品种，2003 年杂交，亲本为萨米脱和红灯，基因型为 S_1S_9。2013 年通过山东省农作物品种审定委员会审定。

果实鲜红色，心脏形，缝合线平，果顶前部较平，果肉淡红色，硬脆；平均单果质量 9.7 g，最大单果质量 12.5 g。果实纵径 2.41 cm，横径 2.95 cm，侧径 2.49 cm，果柄长 3.72 cm。可溶性固形物含量 18.7%，可食率 93.2%。烟台地区 5 月 22～25 日成熟，成熟期同中国樱桃。目前是同期成熟的甜樱桃中单果质量最大的品种。

图 4-2　福晨

树势中庸，树姿开张，具有良好的早果性。当年生枝条基部易形成腋花芽，苗木定植后第 2 年开花株率高达 72%，第 3 年开花株率 100%。幼树腋花芽结果比例高。成年树 1 年生枝条甩放后易形成大量的短果枝和花束状果枝。异花结实，授粉树可选美早、早生凡、早丰王、红灯、斯帕克里、桑提娜。与瓦列里、友谊、奇好和早大果的 S 基因型一致，不能相互用作授粉树。果期遇雨容易裂果。

3. 岱红

山东农业大学从大紫甜樱桃实生苗中选出的早熟优良品种，2002 年 11 月通过山东省林木品种审定委员会审定并命名。

平均单果质量 10.6 g，最大单果质量 14.3 g。果实心脏形，果形端正，整齐美观，畸形果少；果柄长 2.24 cm；果皮鲜红色至紫红色，富光泽，色泽艳丽；果肉粉红色；果肉半硬，味甜适口，可溶性固形物含量 14.8%；核小，核重 0.3～0.5 g，离核，可食率达 94.9%；裂果较轻。

4. 早露

原代号为 5-106，大连市农业科学研究院从那翁的自然杂交种子中选育的品种。1974 年播种，1981 年开始结果。2012 年通过辽宁省种子管理局备案。

图 4-3　早露

果实宽心脏形，全面着紫红色，有光泽，外观色泽美。平均单果质量 8.65 g，最大单果质量 10.17 g。核卵圆形，较大，黏核。果实平均纵径 2.2 cm，平均横径 2.4 cm，果柄长度 4.3 cm，平均粗度 0.1 cm。果肉天竺葵红，肉质较软，肥厚多汁，鲜食品质上等。果肉厚度达 1.0 cm，可溶性固形物含量 18.9%，可溶性总糖含量 10.7%，可滴定酸含量 0.34%，维生素 C 含量 9.9 mg/100g，可食率 93.1%。果实发育期 35 d 左右，大连地区 5 月末 6 月初成熟。早熟、鲜食品质上等是其突出特点，较耐贮运。

树势较强健，萌芽率高，成枝力较强，枝条粗壮。幼树期枝条较直立生长，1 年生枝长度可达 1.2 m 左右。定植后 3 年开始结果，幼树期以中长果枝结果为主，随着树龄的增加，各类结果枝比率也在逐渐调整，长、中果枝减少，花簇状果枝增多。自花结实率低，适宜授粉品种有佳红、红艳、美早、红灯、早红珠、红艳等。

5. 早红珠

原代号为 8-129，由大连市农业科学研究院从滨库的自然杂交实生苗中选出，1974 年定植，1979 年开始结果。2011 年通过辽宁省种子管理局备案。

图 4-4　早红珠

果实宽心脏形，平均纵径 2.16 cm、横径 2.53 cm，平均单果质量 9.5 g，最大单果质量 10.6 g。全面着紫红色，有光泽。果顶圆平；果柄长 4.02 cm，平均粗度 0.14 cm。梗洼中广、中深、缓。核卵圆形，较大，黏核。果肉厚 0.95 cm，天竺葵红，肉质较软，汁液多，风味酸甜，鲜食品质上等。可溶性固形物含量 18%～20%，总糖含量 12.5%，可滴定酸含量 0.7%，可食率 89.9%，较耐贮藏。果实发育期 40 d 左右，大连地区 6 月上旬成熟，比红灯早 4～6 d，为早熟品种。

幼树枝条粗壮、直立生长，萌芽率高，成枝力较强，苗木定植后第 4 年开始结果，初结果树以中果枝结果为主，随着树龄的增加，长、中果枝减少，花束状果枝和莲座状果枝增多。自花结果率低，自然坐果率 49.9%以上。适宜授粉品种有佳红、雷尼、红艳、红蜜、红灯、晚红珠等。幼树期采用轻剪技术，多缓放，同时配合支撑、拉枝等人工开张树姿的措施，可以提早结果。多年生的枝组要及时回缩，以免造成结果部位外移。

6. 明珠

由大连市农业科学研究院育成，从那翁和早丰的杂交后代优良株系 10-58 的自然实生后代中选出。2009 年通过辽宁省非主要农作物品种审定委员会审定并命名。早熟、大果、鲜食品质优良是其突出特点。

图 4-5　明珠

果实宽心脏形，平均单果质量 12.3 g，最大单果质量 14.5 g；果实底色稍呈浅黄色，阳面呈鲜红色，有光泽。果柄长 2.3～4 cm，梗洼广、浅、缓，果顶圆平；果肉浅黄色，肉质较软，可溶性固形物含量 22.0%，风味酸甜可口，品质极佳，可食率 93.3%。大连地区盛花期在 4 月中、下旬，果实成熟期 6 月上旬。

树势强健，生长旺盛，树姿较直立，芽萌发力和成枝力较强，枝条粗壮。幼树期枝条直立生长，长势旺，枝条粗壮，盛果期后树冠逐渐半开张。定植后 4 年开始结果，5 年生树混合枝、中果枝、短果枝、花束状果枝结果比率分别为 53.1%、24.5%、16.7%和 5.7%。花芽大而饱满，每个花序 2～4 朵花，在先锋、美早、拉宾斯等授粉树配植良好的情况下，自然坐果率可达 68%以上。

7. 早丹

北京市农林科学院林业果树研究所从保加利亚引进的甜樱桃品种萨斯菲(Xesphye)的组培无性系中发现的早熟变异，基因型为 S_1S_6，异花结实，低需冷量品种。1984 年获得组培苗，1985 年定植，经 DNA 指纹技术鉴定，确定该早熟株发生了 DNA 变异。2010 年通过北京市林木品种审定委员会审定。

果实长圆形，初熟时鲜红色，完熟后紫红色。果个中大，平均单果质量 6.2 g，最大单果质量 8.3 g。果肉红色，汁多，可溶性固形物含量 16.6%，风味酸甜可口。核重 0.28 g，核长 1.07 cm，可食率 96%。果柄中长，平均长 3.8 cm。果实发育期 25～33 d，北京地区 5 月上、中旬成熟。

树姿较开张。1 年生枝阳面棕褐色。叶片倒卵圆形，绿色；叶面平展，半革质，叶背密被短茸毛；叶尖急尖，叶基广楔形，叶缘为钝重锯齿；蜜腺扁圆形，2～5 个。花白色，花粉量多，花期早。早果性、丰产性好，自然坐果率高。树势中庸，花芽形成好，各类果枝均能结果，初果期以中长果枝结果为主，盛果期以短果枝和花束状果枝结果为主，7℃以下低温需求量约 600 h，适宜温室栽培。授粉品种宜选用雷尼、红灯、先锋等。

8. 香泉 2 号

北京市农林科学院林业果树研究所实生选出的早熟、黄红色优良品种，母本为拉宾斯，父本不详，2002 年播种，2006 年结果。2012 年通过北京市林木品种审定委员会审定。

图 4-6　香泉 2 号

果实肾形，黄底红晕，艳丽美观。平均单果质量 6.6 g，最大单果质量 8.3 g；可溶性固形物含量 17%。果肉黄色，肉软汁多，风味浓郁，酸甜可口。平均果核质量 0.37 g，可食率 94.4%。果柄短，柄长 2.6 cm。果实发育期 36 d 左右，北京地区 5 月中旬前后成熟，

树势中庸，树姿较开张。新梢微红，2 年生枝阳面棕褐色。叶片长 11.9 cm、宽 6.6 cm，叶柄长 2.9 cm。叶椭圆倒卵形，绿色；叶面平展，半革质，叶背密被短茸毛；叶尖急尖，叶基广楔形，叶缘为钝重锯齿；2 个近圆形蜜腺。花白色，花粉量多，花期较早，萼筒内壁橘黄色，雌蕊高于雄蕊。早果丰产性好，花芽形成好，各类果枝均能结果，以中果枝、短果枝、花束状果枝结果为主。自然坐果率高达 60%，需要配植授粉树，建议授粉品种为先锋、雷尼等。

9. 春艳

中国农业科学院郑州果树研究所杂交育成的大果型、黄红色、早熟、异花结实甜樱桃新品种，亲本为雷尼和红灯。2012 年通过河南省林木品种审定委员会审定。

果实黄底红晕，着红色面积 60%～90%，非常鲜艳。果实短心脏形，果顶凹，缝合线平。果实纵径 2.12 cm，横径 2.53 cm，平均单果质量 8.1 g。果柄短，柄长 3.5 cm，柄粗 0.14 cm，果与柄难分离，梗洼较浅，鲜核重 0.3 g。果肉黄色，带皮硬度 0.58 kg/cm^2，肉质细脆、多汁，可溶性固形物含量 17.2%，总糖含量 11.55%，可滴定酸含量 0.93%，维生素 C 含量 83.8 mg/kg，甜味浓，微酸，风味浓郁，品质上。果实发育期 44～47 d，郑州地区 5 月 13～14 日成熟。

图 4-7　春艳

树姿较开张，生长势中等，干性较强。成年树主干灰色、较光滑，1 年生枝褐红色，皮孔较小、较稀。叶片中大，多为长椭圆形；叶片平展，叶尖渐尖，叶基广楔形，叶缘锯齿粗重；蜜腺 2～3 个，中大、紫红色。幼树以中、长果枝结果为主，盛果期以中果枝和花束状果枝结果为主，具有较好的早果性和丰产性，较抗裂果，畸形果率较低。为自花不实品种，栽培时应配植授粉树。

10. 福星

烟台市农科院果树研究所杂交选育的中早熟、大果型、红色、异花结实甜樱桃优良品种。2003 年杂交，亲本为萨米脱和斯帕克里，基因型为 S_1S_3。2013 年通过山东省农作物品种审定委员会审定。

果实肾形，果顶凹，脐点大；缝合线侧面较平，类似萨米脱。果皮红色至暗红色，果肉紫红色，肉质硬脆；果个大，平均单果质量 11.8 g，最大单果质量 14.3 g；可溶性固性物含量 16.3%；可食率 94.7%。果柄粗短，果柄长 2.48 cm。果实发育期 50 d 左右，在烟台地区 6 月 10 日左右成熟，成熟期同美早。

图 4-8 福星

树势中庸偏旺，树姿半开张。主干灰白色，皮孔椭圆形，明显。1 年生枝浅褐色，2 年生枝灰褐色。叶片大，浓绿色，倒卵圆形，平展，粗重锯齿；叶基楔形；成熟叶片顶端骤尖；蜜腺小，肾形。具有良好的早果性，苗木定植当年萌发的发育枝基部易形成腋花芽，幼树腋花芽结果比例高。成年树以短果枝和花束状果枝结果为主。自花不实，可以用美早、早生凡、萨米脱、红灯、桑提娜作为授粉树。

11. 黑珍珠

烟台市农科院果树研究所 1999 年在生产栽培中发现的萨姆(Sam)优良变异单株，基因型为 S_1S_4。2010 年通过山东省农作物品种审定委员会审定。是目前生产中发展较快的大果型、中晚熟、紫黑色、硬肉型甜樱桃优良品种。

果实肾形，果顶稍凹陷，果顶脐点大；果实大型，平均单果质量 11 g，最大单果质量 16 g；果柄中短，柄长 3.05 cm。果皮紫黑色、有光泽；果肉、果汁深红色，果肉脆硬，味甜不酸，可溶性固形物含量 17.5%，耐贮运。果实在鲜红色至深红色时口感较好。烟台地区 6 月中、下旬成熟。

树势强旺，树姿半开张。萌芽率高达 98.2%，成枝力强，成花易，当年生枝条基部易形成腋花芽，盛果期树以短果枝和花束状果枝结果为主，伴有

图 4-11　彩霞

树姿开张。1 年生枝阳面棕褐色，节间距 4.3 cm，新梢微红。叶片长 15.4 cm、宽 6.7 cm，叶柄长 3.3 cm；叶椭圆倒卵形，绿色；叶面平展，半革质，叶背密被短茸毛；叶尖急尖，叶基广楔形，叶缘为钝重锯齿；蜜腺近圆形，2～3 个。花白色，花粉量多，花期早，萼筒内壁橘黄色，雌蕊高于雄蕊。早果丰产性好，自然坐果率高。树势中庸，花芽形成好，各类果枝均能结果，初果期以中、长果枝结果为主，盛果期以短果枝和花束状果枝结果为主。授粉品种宜选用雷尼、红灯、先锋等。

16. 春绣

中国农业科学院郑州果树研究所从滨库的自然实生后代中选出的紫色、晚熟品种。1999 年播种，2002 开始开花、结果。2012 年通过河南省林木品种审定委员会审定。

图 4-12　春绣

果实心脏形，横径 2.82 cm，纵径 2.61 cm；果实大小整齐均匀，果顶圆平，缝合线平；平均单果质量 9.1 g。果肉红色，肉质细脆，硬肉型，带皮硬度 0.88 kg/cm^2，耐贮运；果皮紫红色，有光泽，着色均匀一致；果柄长 4.3 cm、粗 0.16 cm，果与柄较难分离。鲜核重 0.42 g，无核纹。可食率 93.2%，畸形果率 5.7%，可溶性固形物含量 17.6%，可滴定糖含量 9.1%，可滴定酸含量 0.72%，维生素 C 含量 8.33 mg/100g，酸甜适口，风味浓郁，品质上等。果实发育期耐高温。果实发育期 54～56 d，郑州地区 5 月 31 日左右成熟。

幼树生长旺盛，枝条健壮，枝条基角自然开张，角度较大，生长势中等，成枝力强。春绣早果丰产性好，自然结实率高，生理落果轻。枝条缓放后很容易形成花芽，初果期以中、长果枝结果为主，进入盛果期以后，以花束状果枝和中长果枝结果为主，花束状果枝比例高达 71.2%。自花不实，适宜授粉品种为龙冠、先锋、意大利 3 号等。

17. 饴珠

由大连市农业科学研究院选用晚红珠和 13-33 杂交育成。

果实宽心脏形，整齐。果实底色呈浅黄色，阳面鲜红色；平均单果质量 10.6 g，最大单果质量 12.3 g。肉质较脆，肥厚多汁，可溶性固形物含量 22%以上，风味酸甜适口，品质上。核较小，近圆形，半离核。耐贮运。丰产性好。成熟期晚，大连地区 4 月 22～25 日盛花，6 月 25 日左右果实成熟。

树势中庸，树姿较开张。叶片中大，叶片阔椭圆形，叶基呈半圆形，先端渐尖，叶缘复锯齿，中大而钝；叶片质较厚，叶面平展，深绿色有光泽；叶柄基部着生 2～4 个肾形蜜腺。花冠较大，近圆形，花粉量多。

18. 泰珠

由大连市农业科学研究院从雷尼和 8-100 优良杂交后代中选育。

果实肾形，整齐；平均单果质量 13.5 g，最大单果质量 15.6 g；紫红色，有鲜艳光泽和明晰果点，肉质较脆，风味酸甜适口。可溶性固形物含量 19%以上，品质优；核较小，近圆形，半离核。耐贮运。大连地区 6 月 22 日左右果实成熟，属中晚熟品种。

树势强健，生长旺盛。叶片大，阔椭圆形，叶基呈半圆形至楔形，先端渐尖，叶缘复锯齿，中大而钝；叶片厚，叶面平展，深绿色有光泽；叶柄基部着生 2 个红色肾形蜜腺；花粉量较多。

19. 丽珠

由大连市农业科学研究院用雷尼和 8-100 杂交育成。

果实肾形，平均单果质量 10.3 g，最大单果质量 11.5 g；果面紫红色，有鲜艳光泽，外观及色泽似红灯。肉质较软，风味酸甜可口，可溶性固形物含量 21%。成熟期晚，大连地区 6 月 28 日左右果实成熟。早果性好，栽后第 3 年结果，丰产性好。

幼树树势强健，进入盛果期树势中庸健壮，枝条半开张。叶片中大，叶片阔椭圆形，先端渐尖，叶缘复锯齿，中大而钝；叶片质较厚，叶面平展，深绿色有光泽；平均叶柄长 2.93 cm、粗 0.21 cm，叶柄基部着生 2 个红色肾形蜜腺；花冠较大，近圆形，花粉量多。

20. 佳红

又名 3-41，由大连市农业科学研究院 1974 年杂交育成，亲本为滨库和黄玉，1992 年定名，S 基因型为 S_4S_6，为大果型、黄红色、早中熟、异花结实优良品种。

果个大而匀，平均单果质量 9.7 g，最大单果质量 13 g。果实宽心脏形，果皮薄，浅黄色，阳面着浅红色。果肉浅黄色，质脆，肥厚，多汁，风味酸甜适口。核小，黏核，可食率 94.5%，可溶性固形物含量 19.7%，品质上。果实发育期 55 d 左右，比红灯晚熟 1 周。

树势强健，生长旺盛，幼树生长较直立，结果后树姿逐渐开张，枝条斜生，一般 3 年后开始结果，初果期中、长果枝结果，逐渐形成花束状果枝，5～6 年以后进入高产期。15 年生树高达 5 m，树冠径 2.75 m，长、中、短、花束状、莲座状结果枝比率分别为 39.8%、11.4%、3.9%、2.1% 和 42.8%。在红灯、巨红等授粉树配植良好的条件下，自然坐果率可达 60%以上。6 年生树平均单产 15.3 t/hm^2，8 年生树平均单产 19.5 t/hm^2。

21. 香泉 1 号

北京市农林科学院林业果树研究所杂交选育的黄红色、晚熟、自花结实品种，亲本为斯坦拉和先锋，2002 年杂交，2006 年结果。2012 年通过北京市林木品种审定委员会审定。

图 4-13　香泉 1 号

果实近圆形，黄底红晕。果个大，平均单果质量 8.4 g，最大单果质量 10.1 g。果实的平均纵径、横径和侧径分别为 2.4 cm、2.6 cm 和 2.2 cm。果实可溶性固形物含量 19%，品质好。果核重 0.39 g，可食率 95%。果柄长 3.6 cm。果实发育期 50～55 d。北京地区 6 月上、中旬成熟。

树姿较直立，树势中庸。1 年生枝阳面黄红色，新梢浅绿。叶片颜色中绿，叶面平展；叶片上有蜜腺，平均 2 个，颜色鲜红。花白色，花粉量多，花芽形成好。各类果枝均能结果，盛果期长果枝占 4.7%、中果枝占 8.9%、短果枝占 10.3%、花束状果枝占 68%、发育枝占 8.1%，以花束状果枝结果为主。早果丰产性好，自然坐果率高达 72.2%，自花结实，不需要配植授粉树。

22. 晚红珠

原代号为 8-102，大连市农业科学研究院培育的晚熟优系。

果实宽心脏形，果实大小均匀，果个较大，平均单果质量 9.8 g，最大单果质量 11.2 g，树体负载过量时，单果质量 8 g 左右。果面鲜红色，有光泽。果肉红色，肉硬，汁多，耐贮运，抗裂果。风味酸甜可口，可溶性固形物含量 18.1%。果柄短。烟台市福山区 6 月下旬成熟，成熟期一致。树体长势中庸，树姿半开张，结果早，极丰产，产量甚至超过拉宾斯。授粉品种有美早、红灯、雷尼等。

图 4-14　晚红珠

二、国外引进的优良品种

1. 美早

原名 Tieton，由美国华盛顿州立大学普罗斯(Prosser)灌溉农业研究中心杂交育成，育种编号 PC71-44-6，亲本为斯坦拉和早伯兰特，1971 年杂交，1977 年选出，1998 年定名推出，S 基因型为 S_3S_9。是各地发展较快的早中熟、大果型、紫红色、异花授粉优良品种。

图 4-15　美早

果实圆至短心脏形，顶端稍平，脐点大；果个大，平均单果质量 11.6 g，最大单果质量 18 g；果皮红色至紫红色，有光泽；果肉淡黄色，硬脆，肥厚多汁，风味中上；可溶性固形物含量 17.6%；果核圆形，中大，果实可食率达 92.3%；果柄粗短。果色转红即可食用，但风味稍差，紫红色时才能充分体现出该品种的固有特性。果实发育期 50 d 左右，烟台 6 月上、中旬成熟。

树势强旺，生长势类似红灯，萌芽力、成枝力均强，进入结果期较晚，幼树以短果枝和花束状果枝结果为主。成龄树冠大，半开张，以枝组结果为主。自花结实率低，需配植授粉树，适宜的授粉品种有萨米脱、先锋、拉宾斯等。

粗壮的 1 年生长条甩放，当年不容易形成叶丛花枝；细弱枝甩放，易形成一串叶丛花枝。丰产性中等，树势中庸偏弱时结果多。果实转白期至成熟前遇雨容易裂果，可搭建避雨设施防控。树势较强，采用吉塞拉 6 号半矮化砧木利于控制树势，提早结果，实现高产。

2. 萨米脱

原名 Summit，由加拿大大不列颠哥伦比亚省萨默兰太平洋农业食品研究中心 1973 年杂交育成，亲本为 Van 和 Sam，1986 年推出，S 基因型为 S_1S_2。

果实长心脏形，果顶尖，脐点小，缝合线一面较平；果实横径、纵径较大，侧径较小；果柄中长，柄长 3.6 cm；果个大，平均单果质量 11～12 g，最大单果质量 18 g。果皮红色至深红色，有光泽，果面上分布有致密的黄色小细点；果肉粉红色、肥厚多汁，肉质中硬，风味上，可溶性固形物含量 18.5%。果核椭圆形，中小，离核。果实可食率 93.7%。烟台地区 6 月中旬成熟。

图 4-16　萨米脱

树势中庸，早果、丰产性强，产量高，初果期以长、中果枝结果为主，盛果期以花束状果枝结果为主。异花结实，花期较晚，适宜用先锋、拉宾斯、黑珍珠等晚花品种作授粉树。生产中与大果型的美早、黑珍珠混栽，效果表现较好。

中庸偏旺的树结果好、果个大，弱树、外围不抽长条的树果个小。该品种适宜乔化砧木。

3. 先锋

原名 Van，曾译名凡，由加拿大大不列颠哥伦比亚省萨默兰太平洋农业食品研究中心 1944 年实生培育，1985 年推出，S 基因型为 S_1S_3。

叶片长椭圆形，深绿色，平展，有光泽。叶缘复锯齿，锯齿尖，裂刻中深。叶柄上近叶基处具 2～3 个蜜腺，多数 2 个；蜜腺椭圆形，深红色，多对生。果实中大，平均单果质量 8.5 g，最大单果质量 12.5 g。果实圆球形。果顶平、缝合线明显。果柄短粗，柄长 2.88 cm。果皮厚而韧，红色至紫红色。果肉玫瑰红色，脆硬，肥厚，多汁，甜酸可口。果实紫红色至紫黑色时，可溶性固形物含量 20%，高者达 24%。果核小，圆形。可食率达 91.2%。果实耐贮运，冷风库贮藏 15～20 d 果皮不褪色。烟台地区 6 月中、下旬成熟，成熟期一致。

图 4-17　先锋

树势中庸健壮，新梢粗壮直立。早果性、丰产性强。花粉量大，可作授粉树和主栽品种。异花授粉，适宜授粉品种为雷尼、滨库等。耐寒性较差，冬春温度过低时易致花束状果枝死亡。果实在紫红色至紫黑色时采收风味好，但晚采遇到降雨时果顶处易出现小裂口。

4. 拉宾斯

原名 Lapins，由加拿大大不列颠哥伦比亚省萨默兰太平洋农业食品研究中心的 Lapins K. D. 博士 1965 年杂交育成，亲本为先锋和斯坦拉，1986 年推出，基因型为 S_1S_4。是生产中栽培较广的自花结实、紫红色、晚熟优良品种。

果实中大，平均单果质量 11.5 g，烟台地区单果质量 7～8 g，加拿大报道的平均单果质量 10.2 g。果形近圆形或卵圆形。果皮厚而韧，紫红色，有光泽。果柄中长、中粗，柄长 3.24 cm。果肉肥厚、脆硬，可溶性固形物含量 16%，风味好，品质上。烟台地区 6 月中、下旬成熟，成熟期一致，抗裂果。叶片长椭圆形、深绿色。叶缘复锯齿，裂刻较深。叶柄近叶基处有 2 个蜜腺，肾形，米黄色至深红色，多对生。

树势强健，树姿半开张，树冠中大。早果性、丰产性均强。花芽较大而饱满，开花较早，花粉量多，自交亲和，并可为同花期品种授粉。抗寒性较强，可自花结实，在樱桃坐果率较低以及有倒春寒的地域栽培，可获得较好的产量和效益。树体负载量较大时果个偏小。采收过早时单果质量、风味达不到该品种固有的特性。

5. 艳阳

原名 Sunburst，由加拿大大不列颠哥伦比亚省萨默兰太平洋农业食品研究中心 1965 年杂交育成，亲本为先锋和斯坦拉，1986 年推出，S 基因型为 S_3S_4。1989 年由山东省烟台市芝罘区农林局从加拿大引入。

图 4-18　艳阳

红色、大果型、中熟、自花结实。果个大，平均单果质量11.6 g，最大单果质量 22.8 g；果形近圆形，果柄粗、中长，柄长 3.46 cm；缝合线明显内凹；果皮红色至深红色，有光泽；果肉玫瑰红色，果肉肥厚、质地偏软，果汁红色；核中大，可食率 92.5%；果实可溶性固形物含量 17.5%。果实发育期 55 d 左右。烟台地区 6 月中旬成熟，与先锋成熟期相近。

幼树树姿较直立，分枝角度较小；盛果期树势中庸，树冠开张。早果性、丰产性均强。花粉量大，是优良的授粉品种。进入盛果期后树体易早衰，使结果部位外移，内膛易光秃；栽培管理中应加大肥水投入，控制负载量；合理密植，采取适当的整形修剪措施，保持冠内光照合理。果实成熟前遇雨易裂果，宜采取避雨设施栽培。

6. 桑提娜

原名 Santina，由加拿大太平洋农业食品研究中心萨默兰试验站 1996 年推出，亲本为斯坦拉和萨米脱。加拿大主推早熟品种，自花结实、丰产稳产是其优点。

图 4-19　桑提娜

树姿开张，干性较强。结果枝以花束状果枝和短果枝为主，花芽中大、饱满。果实中大，平均单果质量 7.6～9.0 g；果实卵圆形，果柄中长，果皮红色至紫红色；果肉淡红、较硬、味甜，品质上，可溶性固形物含量 18%；抗裂果；中早熟，发育期 50 d 左右，成熟期较先锋早 8～10 d，泰安地区 5 月中、下旬采收。自花结实，丰产性好。

7. 早先锋

原名 Early Compact Van，1989 年由烟台市芝罘区农林局从加拿大引入。

果实肾形，性状同先锋。果实中大，单果质量 8.2～9.3 g，树体挂果多时果个偏小。果皮鲜红色至深红色，光亮、鲜艳；果肉硬，果肉、果汁粉红色，可溶性固形物含量 17.1%。缝合线深红色、色淡，不很明显。果柄短，柄长 2.7 cm。果核圆形，中大。抗裂果，无畸形果。在烟台，5 月下旬成熟，果实紫红色。成熟期集中，1～2 次即可采完。

图 4-20　早先锋

树姿半开张，属短枝紧凑型。树势比红灯弱，枝条极易成花，当年生枝条基部易形成腋花芽，1 年生枝条甩放后易形成一串花束状果枝。具有良好的早果性和丰产性。花期耐霜冻。由于早生丰产性好，需加强肥水管理，维持中庸偏旺树势。通过修剪使产量控制在 15 t/hm² 以上，以保持单果质量 8.5 g。

8. 早大果

引种编号'乌克兰 2 号'，山东省果树研究所 1997 年从乌克兰引进的专利早熟品种。

果实近圆形，大而整齐，单果质量 8.0～12.0 g。果皮深红色，充分成熟后紫黑色，鲜亮有光泽。果肉较硬，果汁红色，可溶性固形物含量 16.1%～17.6%，风味浓，品质佳。果核大，圆形，半离核。果柄中等长度。果实成熟期一致，比红灯早熟 3～5 d，较丰产。泰安地区 5 月中旬成熟，果实发育期 35～42 d。

图 4-21 早大果

树体生长势中庸，树姿开张，枝条分枝角度较大。1 年生枝条黄绿色，较细软；结果枝以花束状果枝和长果枝为主。花芽中大、饱满，每结果枝花芽数量 2～7 个，多数为 3～5 个。早实丰产性强，一般定植后 3～4 年结果。授粉品种以红灯、布鲁克斯、拉宾斯、先锋、萨米脱等较好。

9. **布鲁克斯**

原名 Brooks，美国加州大学戴维斯分校用雷尼和伯兰特杂交育成的早熟品种，1988 年推出，S 基因型为 S_1S_9。为早熟、红色、脆甜型、异花授粉的优良品种。

图 4-22 布鲁克斯

果实中大，平均单果质量 9.5 g，最大单果质量 12.9 g。果形扁圆形，果顶平，稍凹陷。果柄粗短，柄长 3.1 cm。果实红色至暗红色，底色淡黄，有光泽，多在果面亮红色时采收。果肉紧实、脆硬、甘甜，糖酸比是滨库的 2 倍。果核小，可食率 96.1%。果实发育期 45 d 左右，泰安地区 5 月中旬成熟，烟台地区成熟期介于红灯和美早之间。

树体长势强，树冠扩大快，树姿较开张。新梢黄红色，枝条粗壮，1 年生枝黄灰色，多年生枝黄褐色，叶片披针形，大而厚，深绿色。花冠为蔷薇形，纯白色，花器发育健全，花瓣大而厚。需冷量低，为 680 h。果实发育中后期遇雨容易引起裂果，保持土壤湿润是关键，要防止土壤忽干忽湿，秋末断根，搭建避雨设施。适期采收，采收过晚时虽然果个较大，但风味变淡。适合设施栽培。可在南方低温量不足的地域栽培。

10. 斯帕克里

原名 Sparkle，加拿大育成的晚熟甜樱桃品种，1988 年由烟台市果树科学研究所从加拿大引入。

果实大，平均单果质量 10.4 g，最大单果质量 16 g。果实圆形至阔心脏形，果皮鲜红色至紫红色，具光泽，颇美观。果肉红色至紫红色，肉质硬、脆，味甜，品质上，可溶性固形物含量 17.8%。缝合线凹陷，果柄短，高抗裂果。耐贮运。在烟台，6 月中、下旬成熟，成熟期一致，一次即可采收完。

图 4-23　斯帕克里

树体健壮，长势中庸，枝条萌芽率高，成枝力中等。幼树易成花，1 年生枝条甩放后易形成一串叶丛状果枝，树体结果早，丰产、稳产。早结果、极丰产是其突出优点之一。适合密植栽培，可采用 2m×4m 或 2.5m×4m 的株行距，为维持理想果个，需控制产量，并加强肥水管理。

11. 甜心

原名 Sweetheart，加拿大 1994 年推出的自花结实品种，亲本为先锋和新星。

果实中大，单果质量 8.0～11.0 g；果实圆形，果皮果肉红色，中甜，风味好，具清香味。较抗裂果。晚熟，较先锋晚 19～22 d 成熟。始花期较先锋早 1 d，成熟期比兰伯特晚 30 d。

树体生长旺盛，树势开张。自花结实，早实、丰产性突出。

12. 胜利

由山东省果树研究所 1997 年从乌克兰引进。

果实个大，平均单果质量 10.0 g。果实近圆形，梗洼宽，果柄较短，果缝线较明显。果肉硬、多汁，耐贮运。果皮深红色，充分成熟黑褐色，鲜亮有光泽。果汁鲜艳深红色，果味浓，酸甜可口，可溶性固形物含量 17.2%。泰安地区 6 月上旬成熟，烟台地区 6 月中、下旬成熟。

树体生长势强旺，树姿直立，干性较强。枝干皮色为棕褐色，1 年生枝条黄绿色。结果枝以花束状果枝和短果枝为主。

13. 伯兰特

原名 Bigarreau Burlat、Early Burlat，又称布莱特、布拉等。原产法国，亲本不详。欧洲广泛栽培的早熟品种。

果实中大，单果质量 7.5～9.0 g。果实心形，缝合线侧面平。果皮红色至紫红色、光亮，果皮厚度中等。果柄中长，梗洼窄小而深。果肉红色，近核处色深，中等硬度，果汁多，风味酸甜，品质优，半离核。烟台地区 6 月上旬成熟，与红灯同期采收。

树体生长健壮，幼树直立。进入结果期后，树势中庸，树姿开张，分枝角度大。萌芽率高，成枝力强。成龄树以花束状果枝结果为主，腋花芽形成能力中上。自花不实，适宜授粉品种为雷尼、先锋、拉宾斯、斯坦拉等。花量中多，花期居中。果实在树冠内分布均匀。早果性与丰产性中等。果实成熟较一致。

14. 赛维

原名 Sylvia，由加拿大大不列颠哥伦比亚省萨默兰太平洋农业食品研究中心杂交育成，亲本为先锋和萨姆，1986 年推出，S 基因型为 S_1S_4。由中国农业科学院郑州果树研究所于 2001 年从德国引进。

平均单果质量 9.3 g。果实心脏形，紫红色，有光泽，着色均匀一致；果顶微凹，缝合线平，果柄长 3.2 cm、粗 0.19 cm；果肉红色、细脆，硬肉型，带皮硬度 0.77 kg/cm^2，耐贮运；果与柄较难分离，鲜核重 0.44 g，无核纹；可溶性固形物、总糖、总酸的含量分别为 16.2%、10.2%和 0.71%，可食率

92.9%，畸形果率2.1%，酸甜适口，鲜食品质上。

图4-24 赛维

树冠中大，生长势中等，萌芽力、成枝力强，枝条短粗，分枝角度较小；具有良好的早果性，初果期以中、长果枝结果为主，进入盛果期后以花束状果枝结果为主，中、长果枝和短果枝较少。适宜授粉品种为萨米脱、艳阳、柯迪娅、雷洁娜。花期晚，初果期树喷硼肥、GA_3可以提高坐果率。花期高温时，采用微喷灌能够降低果园温度，有利于坐果。

15. 友谊

原名Дружба，由乌克兰农业科学院灌溉园艺研究所育成，S基因型为S_1S_9。1997年由山东省果树研究所引入。

果实个大，平均单果质量10.78 g。果实心脏形，纵径2.42 cm、横径2.86 cm，果柄长4.37 cm。成熟时果实鲜红色，鲜亮有光泽。可溶性固形物含量15.33%，总糖含量12.5%，总酸含量0.76%，风味酸甜，品质佳；可食率91.1%；果肉硬，耐贮运。早实，果实发育期约55 d，泰安地区6月10～15日成熟。

树姿直立，树体较矮，中心干上的侧生分枝基角较小。树干红褐色，光滑，皮孔横裂，枝条细长，干性较弱。成枝力中等，萌芽率高，幼树1年生枝短截后可抽生3～4个长枝。新梢生长较直立。以花束状果枝和长果枝结果为主。进入结果期早，开花整齐，极丰产。适宜授粉品种为胜利、雷尼、先锋、拉宾斯等。

16. 奇好

乌克兰农业科学院灌溉园艺研究所杂交育成的晚熟品种，亲本为庄园和乌梅极早，S 基因型为 S_1S_9。

果实底色为黄色，着鲜红色晕至全面红色。果形短心脏形，果顶圆凸，缝合线微凹，果面平滑亮泽。果实横径 2.58 cm，纵径 2.87 cm，平均单果质量 9.1 g。果肉硬脆、多汁，带皮硬度 0.80 kg/cm^2。可溶性固形物含量 16.9%，总糖含量 12.4%，可滴定酸含量 0.66%，酸甜适口，风味浓郁，品质上。果柄平均长 4.75 cm、粗 0.14 cm，果与柄较易分离。果核圆形，离核，鲜核重 0.35 g，无核纹，果实可食率 93.7%，平均裂果率 5.9%。果实在室温下可贮藏 5～7 d，贮藏性好。果实出汁率 75.5%，加工出的果汁颜色鲜亮清爽，口感酸甜。可作为鲜食、加工兼用型品种进行推广。

幼树生长比较旺盛，枝条健壮，基角自然开张角度较大，生长快，生长势较强，干性较弱。幼树以中、长果枝结果为主，随树龄增大渐以花束状果枝结果为主，盛果期树花束状果枝比例大，连续结果能力强，稳产性好。0～7.2℃的需冷量在 650～700 h，属低需冷量品种。适宜授粉品种为宇宙、红灯、萨米脱、拉宾斯等，与早大果、友谊、极佳同为一个基因型组，互不授粉，选择授粉品种时应注意。

17. 斯坦拉

原名 Stella，加拿大育成的第一个甜樱桃自花结实品种。1987 年被引入山东，在烟台、泰安等地有少量栽培。

果实心脏形，平均单果质量 7.1 g，最大单果质量在 9.2 g 以上。果梗细长。果皮厚而韧，紫红色，光泽艳丽。果肉淡红色，致密而硬，汁多，酸甜爽口，风味佳。可溶性固形物含量 16.8%，可食率 91%。

树势强，能自花结实；花粉多，是良好的授粉品种。较抗裂果，耐寒性较弱。经试栽，6 月中、下旬成熟，早果性、丰产性突出，可以作为晚熟品种栽培。

18. 吉美

由西北农林科技大学从匈牙利引进的资源中选育而成。

果实心形，果个大。果皮紫红色，具光泽，口味酸甜适中，品质佳。果肉硬，耐贮运。开花晚，成熟晚，西安地区 3 月底盛花期，5 月下旬至 6 月上旬成熟，成熟期比红灯晚 25 d，目前是陕西有发展前途的晚熟栽培品种。树势健壮，早果性强，丰产性好，抗寒，抗晚霜。

第三节　砧木的引进与选育

甜樱桃扦插不易生根，与多数果树一样，生产栽培都采用嫁接繁殖苗木。

实践表明，砧木对甜樱桃品种的影响较大，不仅影响其早果性、丰产性、果实大小、果实品质等生长发育特性，也影响其抗逆性和树体寿命，生产上存在的一些流胶、果园树体不整齐等问题也与砧木品种有相当大的关系。培育甜樱桃苗木，首先要了解甜樱桃砧木资源的特征特性，正确选择适于当地自然条件、与嫁接品种亲和力好的优质砧木，这也是甜樱桃早实丰产的基础。

长期以来，我国的甜樱桃砧木主要以中国樱桃的大青叶为主，但大青叶长势强旺，与红灯、美早等品种嫁接会导致成花难、结果晚、产量低，这反映了我国甜樱桃砧木研究的滞后现状。20 世纪 80 年代山东临朐引进英国东茂林实验站的考特(Colt)砧木，通过扦插繁殖用作樱桃砧木繁育苗木，开启了樱桃砧木国外引进和国内选育并进的先河。随着樱桃产业的发展，砧木越来越受到重视。目前，除以中国樱桃、山樱桃等作砧木外，我国已引进和培育了大量的优良砧木。山东省果树研究所从美国引进吉塞拉系列砧木，选育出吉塞拉 5 号、吉塞拉 6 号矮化砧木；中国农业科学院郑州果树研究所从意大利引进 CAB-6p 和 CAB-11E，选育出半矮化砧木 ZY-1，其矮化作用优于考特；西北农林科技大学自马哈利自然杂交后代中选育出半矮化砧木 CDR-1；烟台高新区大樱桃砧木研究所从大叶中国樱桃中选育出几个类型的大青叶砧木。多年多地的试栽发现，砧木存在区域适应性问题，同一品种砧木在不同的地区有着不一样的表现。如东北山樱在很多区域根瘤病严重、果园树体长势不整齐，但在辽南地区表现很好；国内应用多年的考特砧木在山东烟台等地表现出根瘤较重、园相不整齐的问题，但在鲁中地区表现轻。因此，砧木的选择非常重要，要在充分论证的基础上，经过区域性试验以后方可进行大规模发展。

一、甜樱桃砧木的应用历史

2 400 年前，希腊和古罗马的园艺学家用马扎德(Mazzard)的种子实生苗作为樱桃砧木，马扎德是甜樱桃(*Prunus avium*)的一种类型，后来这种砧木传到世界大部分樱桃生产国。现在马扎德仍然是世界主要的樱桃砧木，其主要优点是与甜樱桃和酸樱桃的嫁接亲和力极强，另外，作砧木用的种子很容易从野生树上采集。

马哈利(Mahaleb)是另一个主要樱桃砧木，1768 年法国将其用作樱桃砧木，1865 年 Thomas Rivers 记录了马哈利用作矮化樱桃砧木的操作。后来发现，用马哈利作砧木的嫁接樱桃树开始生长势很旺，但在生长后期生长势变弱，在生长早期可通过断根使其矮化。美国在 19 世纪中期开始流行用马哈利作甜樱桃砧木，到 20 世纪初超过马扎德成为主要的樱桃砧木。马哈利的种子很容易萌发出苗，其苗木抗叶斑病，而马扎德则对叶斑病很敏感。

马哈利与莫莉(Bigarreaux)和鸡心(Heart)等甜樱桃品种的嫁接树的寿命很短。1920 年以后美国又采用马扎德作砧木。在东欧马哈利仍然是甜樱桃的主要砧木。马哈利嫁接树有突然死亡的现象，被称为“延后不亲和”(delayed incompatibility)，其原因是这种嫁接树在黏土和壤土中暂时性通气不良引起根系的伤害，马哈利砧木对根腐病菌(*phytophthora cambivora*)也非常敏感。

酸樱桃(*Prunus cerasus*)在中欧作为樱桃的砧木，俄罗斯及邻国也用酸樱桃作砧木，其抗寒力极强，并可以在黏重和排水不良的土壤种植。

二、选择甜樱桃砧木应注意的问题

1. 嫁接亲和性

嫁接亲和性好的接穗与砧木组合，其嫁接成活率高，嫁接苗生长健壮，并且树龄寿命长。就甜樱桃而言，理想经济寿命的嫁接树须有 15 年的丰产期。有些接穗与砧木组合，嫁接后几年之内就衰老死亡，这种现象是明显的嫁接不亲和。如果接穗与砧木嫁接后 8～10 年生长正常，但其后突然衰老死亡，这种现象称为延后不亲和性。

嫁接不亲和常表现在 3 个方面：

(1)生长受阻。现在各种果树的半矮化和矮化砧，是利用接穗与砧木之间的“部分的不亲和”或“适度的不亲和”来控制树体体积和促进提早结果的。如果嫁接树的生长量过少，一般情况下是不理想的，其结果期会缩短。

(2)叶片小和黄，或者在秋天提前落叶，果实也较小。

(3)出现“小脚”现象，嫁接部位以上干的粗度大大超过其下部的干。适度的“小脚”并不影响果园的经济寿命。研究表明，某些延后不亲和性与品种对李坏死环斑病毒及李矮化病毒的敏感性有关。马哈利砧木在黏土或壤土中经常表现的延后不亲和性现象，是砧木根系在这种土壤中短时间的通气不良引起的根系死亡造成的。

嫁接不亲和的原因还不完全清楚，有人认为与存在某些特殊的酚类物质，并且这些物质渗透到嫁接结合部有关；也有人认为与接合部形成层中生长素和酶的数量减少有关。

2. 抗寒性

在适栽区的北缘种植甜樱桃，一定要考虑砧木的抗寒性。考特是很不抗寒的砧木。马扎德的优系 F12/1 可耐－10℃的低温，而马哈利可耐－15℃的低温，德国培育的微根(Weiroot)系列砧木也非常抗寒。

3. 对土壤类型、pH 值和营养条件的适应性

马哈利对土壤的湿度非常敏感，冬季短期的根系通气不良也有可能导致

树体死亡。马哈利适于质地疏松的沙质土，要求排水良好，在这种土壤中根系向下生长，所以根系较深较抗旱。马扎德适合壤土和轻黏土，其根系主要集中在表层 20 cm 的土壤里。考特较耐排水不良的土壤，在干旱的土壤中生长不良。

石灰性土壤的 pH 值高，比利时选出的戴米尔(Damil)、凯米尔(Camil)和英米尔(Inmil)对这种土壤敏感，而马哈利适应这种 pH 值较高的土壤。

不同砧木对土壤中营养元素的吸收能力有差异，因而也影响树体的矿质营养水平。嫁接在马扎德砧木的樱桃，叶片中钾、钙、硼、氮、锰的含量高于马哈利的嫁接树；马哈利嫁接树叶片的镁元素含量较高，也更能有效地利用土壤中的锌元素。

4. 对线虫的抗性

线虫为害樱桃，不同的砧木对各种线虫的忍耐程度不同。马扎德对根腐线虫(*Pratylenchus*)和剑线虫(*Xiphinema*)的抗性不如马哈利，而马哈利对根结线虫(*Meloidogyne inconita*)和类似属线虫的抗性却不如马扎德。

5. 对真菌病害的抗性

马扎德、酸樱桃和考特对根腐病(*Phytophthora*)有一定的抗性，而马哈利对根腐病却敏感，在排水不良的土壤尤其严重。马扎德对引起根系腐烂的另一种真菌蜜环菌(*Armillaria*)有一定的抗性，而考特、马哈利、英米尔对蜜环菌敏感，M×M60 则敏感程度低一些。所有樱桃砧木对萎蔫病(*Verticillium* spp.)都敏感。还没有抗银叶病砧木，马哈利的选系 SL. 64 对银叶病特别敏感。在美国，马扎德嫁接树的重茬病是烟草拟黑根霉菌(*Thielaciopsis basicola*)引起的，但甜樱桃和中国樱桃的杂交种，如考特对该病菌有抗性。在很多地方叶斑病发生严重，马哈利砧木能耐这种病害，而酸樱桃对此病非常敏感，马扎德和考特则是中度敏感。

6. 对细菌性病害的抗性

根癌病能抑制樱桃树的生长，发病严重时导致死树，在夏季炎热而干旱的地区尤为严重。马扎德选系 F12/1 和考特对此病特别敏感，马扎德的实生苗的敏感性要低些，酸樱桃和马哈利中等程度敏感。细菌性溃疡病和疫病是甜樱桃的严重病害，特别在温暖地区，马哈利对此病有一定的抗性，而马扎德和考特则敏感。不同砧木对该病源的不同病菌小种的敏感程度也不同。

7. 对病毒和菌质体的抗性

不同的砧木对两种由花粉传播的病毒病——李坏死环斑病毒(PNRSV)和李矮化病毒(PDV)的敏感性有很大的差异。一些酸樱桃的选系对 PDV 非常敏感，而灰毛叶樱桃作亲本的砧木一般对 PNRSV 敏感。吉塞拉 5 号(Gisela5)和吉塞拉 6 号(Gisela6)砧木对这两种病毒不敏感。

三、我国传统甜樱桃砧木和新引进的砧木

甜樱桃于18世纪传入中国，而在最近几十年才得到快速发展。我国传统上选用中国樱桃（小樱桃）作为甜樱桃砧木，因为它是我国的本土原生树种，对我国的自然条件有较强的适应能力，并且与甜樱桃的嫁接亲和性强、生长良好。中国樱桃有不同的生态型和形态性，山东选用的大青叶是中国樱桃砧的典型代表类型，在生产上的应用较为广泛。我国北方冬季寒冷，中国樱桃砧往往不能安全越冬，可选用抗寒力更强的山樱桃作砧木，但山樱桃与甜樱桃的嫁接亲和力表现较差。

随着我国甜樱桃种植业的快速发展，对甜樱桃砧木的性能提出了更高的要求，希望选出与甜樱桃嫁接亲和力强，早产、丰产、稳产，对甜樱桃的品质无不良影响，适应不同的土壤和气候类型，对病虫的抵抗力强，容易管理，经济寿命长的砧木。

早期，山东从日本引进的青肤樱与中国樱桃砧比较没有突出的优点，很少在生产上应用。

1988年，中国农业科学院郑州果树研究所从意大利引进CAB-6P、CAB-11E和考特砧木，开展了繁殖技术和嫁接树在不同区域栽培适应性的研究。

20世纪90年代，中国科学院植物研究所从英国引进考特，并与山东临朐合作建立了规模化的组织培养繁育基地，开始了我国甜樱桃矮化、半矮化砧木的繁育、试验和推广工作。

2001年前后，山东省农业科学院果树研究所、中国农业科学院郑州果树研究所和烟台市农业科学研究院，分别从美国和德国引进了吉塞拉砧木和嫁接苗；西北农林科技大学从匈牙利引进了马哈利砧木。这些单位都开展了所引进砧木繁殖技术和区域适应性的研究。从此，我国出现多种甜樱桃砧木并存的局面，在不同区域、不同生态类型上进行了生产上的检验及对比试验。

1. 草樱桃

草樱桃是从中国樱桃中选育出的甜樱桃砧木。其优点是分生根蘖能力极强，适应性广，较耐涝，分株或扦插繁殖易成活，与甜樱桃品种的嫁接亲和力强，种子出苗率高，进入结果期早，抗根癌病。缺点是耐旱、耐寒力相对较弱，实生苗抗病力弱，病毒病较重，固地性差、遇大风易倒伏，在辽宁、河北等地的局部地区有抽条现象。每年每公顷可出苗6万～7.5万株。

近些年大多数中国樱桃产区都用草樱桃作砧木，其种子主要来源于山东。草樱桃有3种类型：

（1）大叶草樱桃。根系分布深，细根少、粗根多，固地性较好。抗逆性

强，寿命较长。与甜樱桃品种嫁接成活率高，一般在95%以上。枝条较硬，直接扦插不易成活；有气生根，可压条繁殖。比较耐涝，但不耐寒。以大叶草樱桃作砧木的甜樱桃树生长旺盛，树冠扩大快。大叶草樱桃很少感染根癌病，也无小脚现象。为加强根系的固地性，可采取提高嫁接部位的方法，于地上部10～20 cm处嫁接，每年培土，促使产生根蘖，增加根量。

(2)中叶草樱桃。枝条较大叶草樱桃稍软，粗根明显少于大叶草樱桃。与甜樱桃亲和力强，嫁接成活率高。枝条扦插不易成活。

(3)小叶草樱桃。枝条细软，节间短，根系浅，粗根少，固地性差。树体长势弱，抗逆性差，寿命短。与甜樱桃的嫁接成活率明显低于大叶草樱桃。抗病能力较差，易患毛根病和病毒病。扦插成活率高，繁殖速度快。用小叶草樱桃作砧木的樱桃树长势弱，抗逆性差，发病率高，极易死树，进入结果期后的树死亡率可高达85%以上，生产上不提倡使用。

2. 马哈利

马哈利是从国外引进的甜樱桃乔化砧木，根系发达，抗旱，不耐涝，比较适合在轻壤土中栽培，在黏重土壤中生长不良。根系发达，固地性良好，抗风能力强，不易倒伏。抗寒力很强，在－30℃的低温下不受冻害，在－16℃的土温中虽有冻害但不致冻死。适于pH值8.4以下的微碱性和沙质土壤，不适于黏重土壤，其根系容易受蛴螬为害，种植时必须做好蛴螬的防治工作。

马哈利作甜樱桃砧木，可用种子播种繁殖，且出苗率高，砧苗生长旺盛，播种当年即可嫁接。与甜樱桃的嫁接亲和力强。也有人认为马哈利樱桃与某些东方甜樱桃品种嫁接不亲和。用马哈利作砧木的甜樱桃树，结果早，产量高，果实大，抗逆性强，无根癌病发生。幼树期树体长势旺，结果后逐渐缓和，树势中等，半开张。萌生不定根的能力较差，不适合扦插和压条繁殖。

3. ZY-1

ZY-1为半矮化砧，根系发达，生长健壮，对气候和土壤有较广泛的适应性，在pH值8.4以下除极黏重土壤都能健康生长，早果性较好。但ZY-1的根被挖断时易长出根蘖苗，故应注意减少断根，成年树施基肥时可在两行树中间挖浅沟施肥，施后盖土，不宜挖树盘。

4. 吉塞拉

吉塞拉5号为标准的矮化砧，其嫁接树的树冠只有标准乔化砧马扎德的45%～50%，要求很好的土壤肥力和较高的水肥管理水平，否则将出现早衰，并需立柱支撑，其突出优点是早果性极好。吉塞拉6号属于半矮化砧，其矮化性能和早果性优于ZY-1，但对土壤类型的适应能力不如ZY-1，也要求相当高的水肥管理水平。

5. 考特

1958 年英国东茂林试验站用欧洲甜樱桃和中国樱桃作亲本杂交育成，1971 年推出三倍体考特，$2n=24$。1986 年引入山东临朐。与甜樱桃、酸樱桃和中国樱桃的亲和力均较好，嫁接树分枝角度大、易整形，幼龄树树势较强，随树龄增长逐渐缓和，进入结果期后树势中庸。考特嫁接的甜樱桃，树体长势是对照砧木马扎德或马扎德实生优系 F12/1 的 80%。结果早，好管理，坐果率较高，丰产，坐果多时果个变小。根系发达，水平根多，须根多而密集，固地性强，抗风力强。对土壤适应性广，在土壤肥沃、排灌良好的沙壤土上生长最佳，对干旱和石灰性土壤适应性有限。抗病性强，抗假单胞属细菌性溃疡病，也抗疫霉菌。

考特的最大优点是硬枝扦插和嫩枝扦插都容易繁殖。嫩枝扦插在 5～9 月进行，选择半木质化插条，以粗沙为扦插基质，速蘸 250 mg/L 的萘乙酸(NAA)处理后生根率达 91%，插条生根快，扦插后 20～25 d 开始生根，45 d 后就可移栽。其分蘖力和生根能力均强，扦插和组织培养繁殖容易，栽植成活率高。与大青叶比较，枝条较脆，毛细根多且多呈水平分布；大青叶枝条较软，根系多下垂状。

6. 山樱桃

山樱桃分布在辽宁的凤城、本溪、宽甸和吉林的集安、通化等地，主要产地为本溪，故又称本溪山樱。山樱桃属于高大乔木，30 年生大树高达 20 m 以上。树冠半开张，枝条粗壮，生长健壮。不同种类的山樱桃抗病能力差异较大，故在用山樱桃作甜樱桃砧木时，首先应注意选择适宜的种类，以免患小脚病、根癌病。山樱桃按果实大小、枝条软硬可分为 2 种：一种为大果软枝型山樱桃，此类型与甜樱桃的嫁接亲和力很好，很少出现小脚现象；另一种为小果硬枝型山樱桃，与甜樱桃嫁接小脚现象较重，死亡率高。造成小脚的主要原因是砧木与接穗生长不一致，砧木生长缓慢，而接穗生长迅速，从而出现了上粗下细的现象。幼树期间还无太大影响，进入盛果期后，由于根部向树体输导养分能力不足，往往导致树体饥饿而死亡。近年来，采取紧贴根部进行嫁接的办法可减少小脚病的发病率。对已发生小脚病的樱桃树，可采用桥接的办法加以解决。山樱桃易感根癌病。

用山樱桃作砧木的优点是：可用种子繁殖，快且容易，生长旺，当年可嫁接，嫁接成活率高，达 70%～90%，嫁接苗及幼树生长健壮，抗寒力强。

7. 青肤樱

青肤樱又名青叶樱，是山樱桃的变种，为日本甜樱桃的主要砧木，在我国辽宁大连等地也曾被用作砧木。青肤樱为小乔木，根蘖分生能力极强。树势比较强健，分枝力强，寿命较长。用青肤樱作砧木的那翁品种，有的树龄已达50年以上，仍然枝繁叶茂、果实累累。一般用扦插法繁殖，压条、分株或种子繁殖也可以。用其作砧木的优点是：容易繁殖，与甜樱桃的嫁接亲和力强，嫁接成活率高；在土质疏松肥沃的土壤上根系及地上部分发育良好。作为硬肉型甜樱桃品种的砧木效果则更好。缺点是：不耐寒，不耐贫瘠土壤；在黏重或沙性大的土壤中表现出明显的浅根现象；不耐旱，不抗风；易发生早衰现象；对根癌病、紫纹羽病抗性较差。沿海地区最好用在土层深厚肥沃的地块。

8. 莱阳矮樱

莱阳矮樱主要产于山东莱阳，属山东中国樱桃系中的一个自然变种。其主要特点是：树体紧凑、矮小，为普通草樱桃树冠的 2/3 左右。树势强健，枝条直立，节间较短，根系发达，固地性强，与甜樱桃的嫁接亲和力强，成活率高，进入结果期早。

9. 酸樱桃

酸樱桃耐寒力、耐旱力较强，与甜樱桃的嫁接亲和力较高，且有矮化作用，有时有小脚现象。易生根蘖，影响树势，不便于管理。对土壤条件要求不高。

山东烟台用于繁育甜樱桃苗木的主要砧木是酸樱桃中的毛把酸。实生繁殖时，根系发达，主根粗壮，细长根较多，须根少而短。与甜樱桃品种的嫁接亲和力很强，嫁接植株生长旺盛、丰产寿命长。在黏重土壤中，树体生长矮小且易感染根癌病。

四、樱桃矮化砧木

以马扎德和马哈利砧木嫁接的甜樱桃树生长旺盛，其株行距一般为 5～7 m，种植密度为 300 株/hm^2。加拿大有的樱桃园的株行距为 12.5m×5m，种后 8～10 年才能进入丰产期，投资回报周期极长。高大的树体给喷药、修剪和采收等作业带来很大的困难。20 世纪 60 年代后，发达国家的劳动力价格不断上涨，树体高大而果重只有 10 g 左右的甜樱桃的采收费用逐年增加。美国华盛顿州立大学的 Hinman 和 Watson 博士调查了马扎德和马哈利砧嫁接的甜樱桃成年果园，年管理费用约为 18 533 美元/hm^2，其中采收费用一项就是 6 600美元/hm^2，占总成本的 35.6%。

20 世纪 60 年代世界樱桃业同仁形成共识：矮化、密植、早产、丰产的栽培模式是甜樱桃发展的必由之路。因此，掀起了甜樱桃矮化砧木品种的选育和矮化、密植、早产、丰产栽培模式的研究热潮。樱桃砧木的育种目标包括：与接穗品种的嫁接亲和力良好，嫁接树矮化或半矮化，早产、丰产、稳产，能保持接穗品种的优良品质，对土壤的适应性强，抗寒、抗病虫。樱桃矮化砧木品种选育的主要途径是种间杂交和系统选育，另有少数研究者开展了多倍体砧木育种研究。

(一)杂交育种

1. 考特

考特(Colt)是英国东茂林试验站杂交育成的甜樱桃矮化砧木。1958 年英国东茂林试验站用甜樱桃和中国樱桃(*Prunus pseudocerasus*)杂交，育成了这一世界第一个甜樱桃半矮化砧，发表于 20 世纪 70 年代。考特的矮化作用在不同的地方表现不一样，在英国其嫁接树的生长量大约是马扎德营养系F12/1嫁接树的 2/3，但在美国和意大利其矮化作用则表现不明显，虽然其早果性和丰产性仍然得到了肯定。分蘖生根能力很强，根系发达，抗风能力强，扦插或组织培养容易，也可压条、分株繁殖，与甜樱桃品种的嫁接亲和力强，成活率高，接口愈合良好，与接穗品种的生长发育一致，无大脚或小脚现象。缺点是：易感根癌病；抗旱性差，适宜在比较潮湿的土壤中生长，不宜在背阴、干燥和无灌溉条件的地块栽植，也不宜栽植在土壤黏重、透气性差及重茬的地块。

2. 吉塞拉系列

吉塞拉(Gisela)系列由德国吉森大学(Justus-Liebig University)杂交育成。20 世纪 60 年代，以酸樱桃、甜樱桃、灰毛叶樱桃和草原樱桃等几种樱属植物进行种间杂交，获得 6 000 余株杂种实生苗，通过评价、鉴定，初选出 200 余株进行扩大繁殖，进一步确定其矮化性、亲和性、抗病性、萌蘖性和早实性。美国和加拿大 1987 年成立砧木比较试验合作组，引进 17 个吉塞拉优系进行试验，1995 年，筛选出 4 种吉塞拉矮化砧木在生产上推广应用，分别是吉塞拉 5 号、吉塞拉 6 号、吉塞拉 7 号和吉塞拉 12 号，嫁接树树冠体积分别只有马扎德的 45%、70%、50%和 60%。其优点有：与甜樱桃的嫁接亲和力强；嫁接的甜樱桃早果性、丰产性强；对常见的樱桃细菌性病害、真菌性病害和病毒病害均具有很强的抗性，包括根癌病、流胶病、PDV 和 PNRSV；对土壤的适应范围极广，一般砧木忌黏重土壤，但吉塞拉砧木能够适应黏土；萌蘖数量少，甚至没有，固地性好。近几年又推出了吉塞拉 3 号、吉塞拉 4 号和 Gi 195/20，其中，吉塞拉 3 号比吉塞拉 4 号更矮化，Gi 195/20 由甜樱桃与草原樱桃杂交育成，半矮化。

吉塞拉 5 号为矮化砧，由酸樱桃与灰叶毛樱桃杂交育成。其嫁接树的树冠体积只有标准乔化砧马扎德的 45%～50%，树体开张，分枝基角大。突出的优点是早果性极强，嫁接的甜樱桃第 2 年开始结果。缺点是要求很好的土壤肥力和水肥管理水平，否则容易出现早衰，并需立柱支撑。适合黏沙土壤。

对 PDV 和 PNRSV 具有很好的抗性。结果多时果个小，采用正确的修剪、肥水和病虫害防控管理，保持健壮的树体，可以平衡负载量并保证果实的正常大小。

吉塞拉 6 号属半矮化砧，由酸樱桃与灰叶毛樱桃杂交育成。具有矮化、丰产、早实性强、抗病、耐涝、土壤适应范围广、抗寒等优良特性。其树冠体积是马扎德的 70%，长势强于吉塞拉 5 号。嫁接树的树体开张、圆头形，开花早，结果量大。适应各种类型的土壤，固地性能好，在黏土地上生长良好，萌蘖少。

3. M×M 系列

M×M(Ma×Ma)系列是美国俄勒岗州从马哈利的实生苗中选出的樱桃砧木，父本可能是甜樱桃。该砧木在美国果园到处长有根蘖苗，而在法国根蘖苗则少一些。在美国该砧木的早果性不如考特。

M×M14 是该系列中最矮化的选系，其生长量为马扎德无性系 F12/1 的 40%～60%。在法国，该品系表现出抗石灰土引起的叶片黄化，而嫁接树品种的果重与其他砧木相似，比法国自己选出的 SL. 64 早 2 年结果，很少长根蘖苗，抗根腐病的 2 个种和细菌性溃疡病。该砧木在法国的运用比美国更普遍。

该系列还有 M×M97、M×M60、M×M2、M×M39 等，可能因为有延后不亲和或早果性差等问题，很少应用。

4. GM(Gembloux)系列

从 1963 年开始，比利时研究了 220 多个观赏樱桃的种与杂种，选出了几个有希望的樱桃砧木品系。表现较好的有英米尔 GM9(Inmil)，它是 P. incisa Thunb. 和 P. serrula Franch 的杂交后代，为该系列中最矮化的品系，在贫瘠的土壤上生长量只有马扎德 F12/1 的 30%，在美国试种时，其树体小但进入结果期却很慢，这表明甜樱桃并不是树体越小其结果就越早。该砧木在潮湿的土壤上生长不良且易受根腐病危害。该系列还有戴米尔 GM61/1(Damil)、凯米尔 GM79(Camil)和凯米尔 GM8 等品系，综合性状均不理想，在生产上很少应用。

5. Pi-Ku 系列

德国 Dresden-Pillniz 果树研究所的 Brigitte Wolfram 博士通过种间杂交的途径，育成了另一个欧洲甜樱桃矮化砧木 Pi-Ku 系列，其中 Pi-Ku 4. 20 为欧洲甜樱桃×(灰毛叶樱×南京樱桃 P. tomentosa)的复式杂交后代。其嫁接的欧洲甜樱桃品种的树冠约为马扎德作砧木的 50%～60%，其矮化效果、早果性、丰产性、果实大小等方面与吉塞拉 5 号作砧木很相似，有作砧木希望的 Pi-Ku 品系还有 Pi-Ku 4. 11、Pi-Ku 4. 13、Pi-Ku 4. 15 和 Pi-Ku 4. 17。

6. 其他樱桃砧木的杂交系

捷克的 P-HL 系，可能是欧洲甜樱桃和欧洲酸樱桃的杂种。匈牙利的 Prob 砧木，可能是草原樱桃和马哈利的杂种。罗马利亚的 IP-C1，可能是酸樱桃与甜樱桃的杂种。这些砧木品系目前很少在生产上应用。

(二)系统选育

1. SL. 64(StLucie)

过去法国经常用马哈利的种子繁殖的实生苗作樱桃砧木，SL. 64 砧木就是 1954 年法国波尔多从马哈利嫩枝和半木质化枝条扦插的苗木中选出的品系。该选系与甜樱桃的嫁接亲和力强，适于排水良好的土壤种植，比其他马哈利选系对不同土壤类型的适应性更好。其嫁接树在波尔多沙性或砾石土壤上生长紧凑，但生长势比考特强，丰产性和早果性好。

2. Tabel Edabriz

1989 年法国的 M. Edin 从伊朗收集的资源中选出甜樱桃的矮化砧木 Tabel Edabriz，可用半木质化枝条扦插和组织培养繁殖。它与所有的甜樱桃品种的嫁接亲和力均强，与酸樱桃的亲和力也很强，其嫁接树非常矮化，生长量只有马扎德 F12/1 的 15%～20%。但矮化程度不稳定，在一些地方树体的大小为马扎德 F12/1 的 60%。该砧木早结果、丰产，适于壤土和黏土种植；但在干旱地区，特别是在高 pH 值的园地，生长不旺，叶片失绿。

3. CAB 系列

意大利博洛尼亚大学的 Sansavini 教授从酸樱桃中选出 CAB-6P 和 CAB-11E 等品系，可用组织培养法繁殖，其生长量比马扎德小 20%～30%。

4. 微根(Weiroot)系列

德国的 M. Feuchts 教授发现，将欧洲甜樱桃嫁接在欧洲酸樱桃实生苗上具有明显的早果和丰产性能。选出的第 1 代砧木微根系列有 W10、W11、W13 和 W14，表现出一定的矮化作用，但有些品系与欧洲甜樱桃嫁接不亲和。收集它们的自然授粉种子播种，其后代的矮化作用和嫁接亲和力得到了改良；第 1 代砧木 W53、W72、W154 和 W158 来源于种间杂交，最矮化的是 W72，其次是 W53，这些砧木的矮化性能和丰产性能略优于考特和马扎德，但不如吉塞拉 5 号，而 Rolf Stehr 博士认为，微根 W158 是可以与吉塞拉 5 号相媲美的品系。

5. 11-93

11-93 是由大连市农业科学研究院培育的樱桃半矮化砧木。根系发达，固地性良好，抗倒伏性好；较抗病毒病和根癌病；与甜樱桃品种的嫁接亲和力好，成活率高，砧木与接穗愈合良好，几乎看不出接口痕迹，树势旺盛。可用种子繁殖，也可压条繁殖。

参考文献

[1]俞德浚，李朝銮. 中国植物志第三十八卷[M]. 北京：科学出版社，1986：41-89.
[2]安雯，曹阳，李俞涛，等. 植物自交不亲和性的研究进展与展望[J]. 信阳师范学院学报(自然科学版)，2009，22(4)：630-634.
[3]潘凤荣，郑玮，李俞涛，等. 早熟甜樱桃新品种——明珠的选育[J]. 果树学报，2010，27(4)：659-660，480.
[4]闫国华，张开春，张晓明，等. 极早熟甜樱桃新品种'早丹'[J]. 园艺学报，2012，39(7)：1407-1408.
[5]张晓明，张开春，闫国华，等. 晚熟甜樱桃新品种'彩霞'[J]. 果农之友，2012(8)：8-9.
[6]张开春，张晓明，闫国华，等. 中晚熟甜樱桃新品种'彩虹'[J]. 园艺学报，2012，39(8)：1605-1606.
[7]张开春. 中晚熟甜樱桃新品种——彩虹[J]. 中国果业信息，2012，29(11)：71.
[8]张福兴，刘美英，孙庆田，等. 大果中熟甜樱桃新品种'福星'的选育[J]. 果树学报，2014，31(S1)：202-203，2.
[9]张开春，闫国华，张晓明，等. 自交可育中熟甜樱桃新品种'香泉 1 号'的选育[J]. 果树学报，2014，31(S1)：204-206，2.
[10]张序，张福兴，孙庆田，等. 甜樱桃优良砧木'优系大青叶'的选育[J]. 山东农业科学，2014，46(3)：122-124.
[11]赵庆明，黄贞光，李明，等. 欧洲甜樱桃在云南鲁甸县的引种试验初报[J]. 中国南方果树，2014，43(6)：114-115.
[12]黄贞光，李明，赵改荣，等. 甜樱桃半矮化砧 ZY-1 二十八年引种示范推广总结[J]. 果农之友，2015(8)：48-49.
[13]蔡宇良，霍卫民. 大樱桃砧木"马哈利 CDR-1"在陕北的引种表现[J]. 西北园艺(果树)，2015(5)：31-32.
[14]李明，刘聪利，齐希梁，等. 早熟甜樱桃新品种'春露'的选育[J]. 果树学报，2018，35(9)：1158-1160.
[15]孙玉刚，侯森，付全娟，等. 世界甜樱桃育种成就及主要品种[J]. 落叶果树，2018，50(4)：5-10.
[16]于福顺，焦功强，刘方新，等. 甜樱桃砧木的应用现状及展望[J]. 北方果树，2018(6)：45-47.
[17]李明，刘聪利，齐希梁，等. 中国甜樱桃产业的品种现状、需求特点与未来育种目标[J]. 落叶果树，2019，51(3)：5-7，2-3.
[18]张序，张福兴，孙庆田，等. 甜樱桃'明珠'的引种表现及配套栽培技术[J]. 烟台果树，2019(3)：26-27.
[19]谭钺，王甲威，李栋梁，等. 特早熟甜樱桃新品种'齐早'[J]. 园艺学报，2019，46

(S2)：2748-2749.

[20]段续伟，李明，谭钺，等．新中国果树科学研究70年——樱桃[J]. 果树学报，2019，36(10)：1339-1351.

[21]谭钺，王甲威，魏海蓉，等．中晚熟甜樱桃新品种'鲁樱3号'[J]. 园艺学报，2019，46(S2)：2750-2751.

[22]黄贞光，齐希梁，刘聪利，等．樱桃矮化砧木应用需注意的问题[J]. 果农之友，2020(1)：1-3.

[23]孙强，郑玮，潘凤荣．环渤海地区甜樱桃育种和栽培技术研究概况[J]. 北方果树，2020(1)：7-9.

[24]李庆华，赵玉梅，王瑞金．7年生不同品种考特砧大樱桃表现情况观察调查[J]. 果树资源学报，2020，1(4)：16-18.

第五章　优质苗木繁育

种苗一直是制约我国甜樱桃产业发展的主要因素之一，问题突出表现在缺乏规范化专业化的苗圃，生产上应用的苗木质量参差不齐。很长时间以来，甜樱桃育苗主要靠产地的个体经营者，他们绝大多数没有品种采穗圃，多是根据经验从自己的果园采集接穗来育苗，存在接穗带病毒率高等问题；同时，由于对砧木的特性了解得不多，生产中采用的砧穗组合搭配不合理，砧木抗涝性差，易感染根癌病、流胶病、病毒病，容易使树体衰弱甚至死亡，果园树势不整齐。甜樱桃的苗木培育，砧木是基础，品种是根本，要针对市场需求和未来发展方向选择适宜的砧木，建设自用的脱毒品种采穗圃，培育无病毒的优质大苗。

第一节　砧木苗繁育

砧木选择对于甜樱桃栽培至关重要，不同砧木品种的早果性、丰产性和抗逆性不同，应选择生长健壮，根系发达，适应当地环境条件，抗寒、抗旱、抗盐碱，抗病虫性强，与接穗具有较强亲和力的砧木品种。甜樱桃砧木的类型较多，欧美国家主要应用马扎德、马哈利、考特、吉塞拉、酸樱桃等，我国目前生产中应用的砧木主要有中国樱桃大青叶、本溪山樱、考特、马哈利和吉塞拉等。用种子实生繁殖的砧木有中国樱桃、本溪山樱、马哈利等，用组织培养、扦插或压条无性繁殖的砧木有吉塞拉系列、考特、大青叶等。

一、实生播种

1. 砧木种子的采集和处理

虽然山樱桃、中国樱桃和马哈利樱桃种植 5～6 年后就可以开花结果，但用来繁殖砧木的种子应该采自10～15年生、无病虫害的健壮大树。采种时，应注意让果实充分成熟后采集。采集后应立即将果实浸在水中搓洗，弃去果肉、果梗、漂浮的秕种和其他杂物，然后将沉入水底、充实的种子捞出晾干备用。将种子混合3倍的湿沙，层积在室外冬藏。种子完成冬藏、打破休眠后，便具备了萌发的能力。当春季地温回升后，即可将种子取出，移至20℃以上的室内进行催芽处理。当50%左右的种子破壳露白时便可取出播种。

2. 播种及苗期管理

按播种时间，播种分为春播和秋播。因为春播发芽率高，栽培管理期短，所以生产上通常采用春播。春播时间在3月中旬至4月上旬，当5 cm深处的土壤地温稳定在5℃以上时进行。播种时按行距30～50 cm开沟，条播、点播皆可。点播以株距15～20 cm为宜，每穴播种子1～3粒。樱桃种子的顶土能力弱，不能深埋，播种深度以2～3 cm为宜。播后先盖1 cm厚的细河沙，上边再覆1～2 cm厚的锯末，这样既能保湿又能防止土壤板结，有利于出苗。最好在播前灌足底墒水，在土壤干湿合适时播种、覆土、加盖农膜，这样可早出苗、提高出苗率。

播种后至出苗前这一阶段主要是水分管理。播种时如遇干旱要及时灌水，宜小水灌溉，切忌大水漫灌。幼苗在地上长出真叶、地下出现侧根时开始自行制造养分，此时的苗木幼嫩，根系分布较浅，对不良环境的抵抗力较低，应注意低温、高温、干旱、水涝及病虫的危害，同时注意控制肥、水。对幼苗进行适当的蹲苗锻炼，待长出2～4片真叶时再进行移植或间苗、定植。

二、分株育苗

分株用的母苗，既可用采自大叶型草樱桃的根蘖苗，也可用不够嫁接粗度的大叶型草樱桃砧木苗。分株栽植的适宜时间在春分前后。

分株育苗的具体方法是：将分蘖苗由分根处劈下，按株行距15～20cm×70～80cm进行栽植。栽后，在20 cm高处剪断，随即灌大水坐苗；10～15 d后，芽萌动时再灌1次大水；再过15 d后再灌1次大水。每次灌水后要立即进行中耕保墒。在顶端新梢生长到20 cm时，追施1次速效性氮肥，可每公顷施尿素225 kg，施肥后灌水，以尽快发挥肥效，促进苗木生长。7月下旬砧苗加长生长缓慢、加粗生长加快时，再追施1次速效氮肥如尿素，施用量仍是每公顷225 kg，随水施入，促使苗木增粗，以增加当年可以嫁接的砧苗数量。

分株育苗繁殖系数较高，一般每株母苗当年可分生6～7株砧苗，少数可分生2～3株。分株当年6月，每株母苗上一般有1～2株砧苗达到芽接粗度，可进行芽接，当年出圃。部分砧苗可在 9 月芽接，生产半成品苗。当年不足芽接粗度的，次年春季可再分株移栽，继续繁殖砧苗。分株苗分根以下的母苗部分，春季可进行劈接。这样操作，分株法繁育砧苗当年每公顷可出圃成品苗 7.5 万～9 万株、半成品苗(接芽苗)9 万～10.5 万株，每公顷每年共可分株砧苗 52.5 万株左右。

三、压条育苗

1. 水平压条

水平压条多在 7～8 月雨季进行。压条时，将靠近地面的、具有多个侧枝的 2 年生萌条，水平横压于圃地的浅沟内，然后覆土。覆土厚度以使侧枝露出地面为度。次年春季将生有根系的压条分段剪开，移栽后供嫁接用。

2. 埋干压条

春季在圃地内按 50 cm 的行距开 10～15 cm 深的浅沟，将砧苗顺沟栽植，覆土后踏实根部。将苗茎顺沟压倒，其上覆土厚 2 cm，灌足底水。砧苗成活后，萌发大量的萌条，当萌条生长到高 10 cm 左右时，在其基部培土促使生根，秋季落叶后将苗木刨起，按株分段剪开即可。采用这种方法，每株埋干苗可繁殖砧苗 4～5 株。压条繁殖时，圃地的整理、施肥和灌水等与分株育苗相同。

四、扦插繁殖

砧木的品种特性不同，宜采用的育苗方法也不同。对于扦插比较容易生根的品种可选用扦插进行苗木繁育，例如草樱桃和考特。扦插分为硬枝扦插和嫩枝扦插，目前硬枝扦插应用较广，但吉塞拉等品种硬枝扦插的生根效果不好，生根率较低；嫩枝扦插需要有弥雾设备，吉塞拉采用嫩枝扦插的生根效果良好。

(一)硬枝扦插

1. 扦插时间

樱桃硬枝扦插宜在春季树汁液开始流动时进行，山东胶东地区在 3 月下旬，鲁中南及苏北、皖北地区在 3 月上、中旬，长江以南地区春季回暖较早，可在 2 月底至 3 月初进行。

2. 插条的选择和处理

硬枝扦插的插条应采自品质优良、丰产、稳产、生长健壮、无病虫害的母树，最好采集树冠外围粗壮的 1 年生枝，枝的基部带一段 2～3 年生的枝段。插条可在秋末落叶后封冻前进行采集，也可在春季随采随插。可结合冬季修剪，将剪下的枝条沙藏保存，春季用作扦插的插条。

插条沙藏方法：将采集的插条剪成 15～20 cm 的枝段，下端剪成马耳形，每 50～100 条扎 1 捆，放到菜窖内或开沟用湿沙埋藏。埋藏沟宜选在背阴干燥处，沟宽 1 m、深 50 cm，长度随插条数量而定。沟底先铺 10 cm 厚的湿沙，沙的湿度以手握成团、张开手即散为度。将插条斜放在沙上，上面填埋湿沙，边填湿沙边摇动插条，使湿沙填满空隙，直到埋过插条 15 cm 以上为止。最后再根据冻土层的厚度培土 30～40 cm，顶部培成鱼脊状或用瓦片覆盖，以防雨雪水渗入引起霉烂。沙藏期间要检查 1～2 次，防干、降湿。

3. 扦插方法

扦插苗圃地，宜选择在排水良好、有灌溉条件的壤土或沙壤土地块。沙土在春季和夏季地表温度高，砧苗萌发后易受灼伤，致使砧苗长势不良或干枯死亡，不适宜育苗。扦插前进行深翻整地，施足基肥，可施厩肥 5 kg/m^2。深翻整平后，做宽 1 m、长 10 m 的平畦。畦内开 4 条浅沟，将插条间隔 15～20 cm 稍斜地插入沟内，用行间土覆盖插条，覆土厚度以埋过插条顶部 2～3 cm为宜，以防春季的旱害和冻害。

扦插时若需覆盖地膜，则应先对插条顶部 2 cm 进行蜡封。蜡封插条的方法是：将装有石蜡的铁桶放在水中加热至石蜡沸腾，将插条顶端迅速插入蜡液中达 2 cm 左右时迅速取出。苗圃地选择、施肥及整地同上所述，做好畦后先浇透水，待水沉实后盖上地膜，沿行向用尖木棒扎孔，孔的间距以 15～20 cm为宜，随后插入顶端有石蜡的插条，将其顶端的 1～2 个芽露在膜外，用壶浇水使土将插孔填满，插条与土壤密接即可。覆地膜扦插虽然投资较大，但可有效提高地温并利于保墒，而顶芽露在膜外，可延迟发芽、减少养分消耗，有利于生根，提高成活率。

为提高出苗率，扦插前还可将插条下端浸泡在浓度为 100×10^{-6} 的生根粉或浓度为$(50～100)\times10^{-6}$的吲哚乙酸(IBA)溶液中 4～5 h，注意液面高度不要超过 5 cm，取出后立即扦插。也有报道认为，用 2 000 μmol/L 的水杨酸与 1 000 mg/L的吲哚丁酸协同作用，可使吉塞拉 6 号嫩枝的扦插生根率达 98%，生根质量和成苗率也有所提高。如果土壤黏重，可用高垄斜插法，垄高 10～12 cm，垄距 30 cm，插条倾斜 60°插入土中，然后覆土，覆土厚度以埋过顶芽 2～3 cm 为宜。

4. 扦插苗的管理

扦插后 10～15 d 枝条开始发芽，基部切口长出愈伤组织。扦插苗生根前要浇 1 次小水，以浇透下层泥土为宜。这次灌水对扦插很关键，因为刚刚萌

木。组织培养技术是指在无菌条件下，将离体的植物器官（根、茎、叶、花、果实、种子等）、组织（形成层、花药组织、胚乳、皮层等）、细胞（体细胞和生殖细胞）以及原生质体，在适当的培养条件下，在人工配制的培养基上进行培养，利用细胞的全能性使其长成完整的植株。由于培养物是脱离植物母体、在容器中进行培养的，所以也叫作离体培养。利用组织培养技术可以对苗木进行工厂化生产，快速、大量地繁殖无病毒苗木。组培快繁具有无杂菌、适应能力较强、繁育快、繁殖系数高、质量优、抗性好、批量生产、周年供应、便于运输等优点，并具有不受季节和环境条件限制，省工、省时、省地，繁殖世代短等特点。对吉塞拉等不宜采用种子繁殖的砧木，组培快繁尤为重要。

1. 培养室建设

组培快繁育苗是一项技术性强、无菌条件要求高的工作，需要有专门的培养室，以及灭菌、接种、超净台等设备。培养室内要形成一条作业流水线，即"玻璃器皿洗涤室—培养基配制—灭菌消毒—无菌室—接种箱—培养室—移栽室"等配套衔接。培养室的温度要保持在25℃左右。

2. 外植体获取

通常用1.5～2.0 cm的带芽茎段或茎尖作为外植体。在春季选取生长健壮、无病虫的砧木新梢，去掉叶片，用自来水冲洗15～30 min，切成1.5～2.0 cm长的带芽茎段，在无菌条件下将冲洗干净的茎段放入70%乙醇溶液中浸20 s，用无菌水冲洗2遍，再在0.1%升汞中消毒5 min，用无菌水冲洗5遍，即可获得无菌茎段。或者直接用手术刀剥取芽内约0.5 mm大小的茎尖，用蒸馏水冲洗2次后置于超净工作台上灭菌，灭菌方法同茎段。由于茎尖比茎段嫩，因而消毒时间要短些，用75%酒精进行表面消毒的时间为10～15 s，用蒸馏水冲洗后，再用0.1%升汞溶液灭菌4 min，最后用蒸馏水冲洗5～6次。灭菌后的带芽茎段和茎尖即可用于接种。

3. 培养基和培养条件

一般采用MS作为基本培养基，不同砧木品种的培养基，植物生长调节剂的种类和水平略有不同，吉塞拉5号和吉塞拉6号的初代培养基为MS+6-BA 1mg/L+IBA 0.1mg/L，继代增殖培养基为MS+6-BA 0.5mg/L+IBA 0.1mg/L，生根培养基为1/2MS+IBA 0.5mg/L。培养基碳源一般选用蔗糖，用量为30 g/L；固体凝固剂选用琼脂，用量为7 g/L。培养室的光照强度为2 000～3 000 lx，光照时间为14 h/d，温度要保持在25℃。

4. 接种培养

将接好菌的带芽茎段外植体接种到初代培养基上，1周后开始萌发，3周后芽长成2 cm左右的新梢，侧芽同时也萌发出3～5个丛生芽。将丛生芽切割后转入增殖培养基上进行增殖培养，丛生芽在增殖培养基上生长2～3周后，苗可长到 3～5 cm 高，成为具有 4～8 片叶的无根苗。30 d 增殖 1 次，增殖培养时要谨防试管苗玻璃化现象的发生。三角瓶培养可增加其透气性，减少玻璃化现象；适当提高培养基中蔗糖和琼脂的浓度并降低 6-BA 的浓度，增强光照强度均有助于防止玻璃化的发生。增殖培养基为 MS＋6-BA 1.0 mg/L＋NAA 0.2 mg/L＋GA_3 0.5 mg/L＋Ag_2NO_3 5.0～10.0 mg/L＋蔗糖 30 g/L＋琼脂 7 g/L，调节 pH 值至 5.8，培养温度 25℃，光照强度 2 000～3 000 lx，每天光照 14 h，黑暗处理 10 h。

5. 生根诱导

在增殖培养基上选取生长健壮、高 2～3 cm 的新梢，转移到生根培养基上诱导生根。生根培养基为 1/2MS＋IBA 0.7 mg/L＋NAA 0.2 mg/L＋蔗糖 20 g/L＋琼脂 7 g/L。接种后先暗培养 10 d，然后转移到光照下培养，培养条件同增殖培养。培养 2 周左右便可见基部有乳白色的根发生。要统计生根量和发根率。

6. 驯化移栽

在移栽前先进行炼苗，即分 3～5 次逐渐打开组培瓶瓶盖，使组培苗适应外部的环境。炼苗 5～6 d 后从组培瓶中取出生根的试管苗，洗净附着在表面上的培养基，移栽到灭过菌的基质中，将穴盘放在温室中的小拱棚内驯化 4～8 周。拱棚内的温度为 10～30℃，在移栽驯化初期相对湿度要求在 90%以上，以后慢慢降低，每周喷 1 次 400 倍 50%多菌灵可湿性粉剂液防治立枯病。温室驯化 4～6 周后小植株开始有新叶长出。之后露天驯化 3～10 d 再移栽到大田。一般 5～7 月栽到大田的试管苗当年可长到 1 m 以上，8～9 月栽的当年能长到 40 cm 以上，且长势健壮一致。

第二节 嫁接苗培育

甜樱桃嫁接苗是指将需要的甜樱桃接穗品种嫁接到砧木苗上所形成的苗木。通过嫁接不仅保持了接穗品种的优良性状，还可以通过砧木的作用提高树体的抗性和适应能力。

秋季嫁接在 9 月进行，春季嫁接在 3 月进行。春季嫁接应尽量早一些，当早晨土壤稍有点冻、中午冻土可以化开时就可开始嫁接。秋季嫁接时，如果过早，接穗幼嫩、皮层薄，接芽发育不充实，成活率低；如果过晚，枝条多已停止生长，接芽不易剥离。雨季嫁接后易产生流胶，嫁接口难以愈合，因此不宜在雨季进行嫁接。

一、嫁接方法

樱桃嫁接分芽接与枝接两种方法。生长期多应用芽接，休眠期多应用枝接。

(一)芽接

芽接是生长季普遍采用的嫁接方法。选择接穗上饱满、充实的芽切取芽片，剥开砧木的皮部，把切好的芽片嵌入剥开的皮层内，然后绑绳。芽接包括带木质部芽接和改良 T 字形芽接。

1. 带木质部芽接

带木质部芽接的操作方法是：在接穗芽眼的上方 1.5～2 cm 处向下斜削 1 刀，刀口要超过芽眼 1～1.5 cm，再在芽的下方 0.7～1 cm 处横着向下斜切 1 刀，角度大于第 1 刀，约为 60°。当第 2 刀与第 1 刀切口相遇时，即可取下 1 个带有木质的芽块。在砧木上采取同样的方法，削取 1 个比接穗上芽块稍长约 1 mm 的木质芽块，移除芽块后把在接穗上取下的芽块放到砧木的切口处并用塑料条绑扎固定。带木质部嫁接时，砧木和接穗可以不离皮。

此法的优点是易于掌握、可周年进行。只要枝条已木质化、芽较充实即可进行带木质部芽接，自春季至秋季皆可进行，但为了提高嫁接成活率及考虑到嫁接后接芽的萌发等需要，该法多用于春季苗圃的补接或秋季嫁接。秋季带木质部芽接在 8 月下旬至 9 月上旬进行，春季在砧木萌芽前后进行。

2. 改良 T 字形芽接

甜樱桃树的韧皮部发达，枝条皮层薄，芽眼突起，用常规的 T 字形芽接一般不易成活，生产上可用改良 T 字形芽接。嫁接时间在 8 月下旬至 9 月上旬，不宜在降雨季节嫁接，因为此时嫁接接口容易流胶，伤口愈合困难，成活率低。

改良 T 字形芽接时，先从接穗上削取接芽。用嫁接刀在接芽以下 2 cm 处，斜向上带有部分木质部削切到接芽上方 1 cm 处，然后在接芽上方的 0.7 cm处横削 1 刀，深达木质部，即可取下接芽。接芽一般长 2.5 cm 左右，宽约 1 cm，面积不宜过小。接芽太小，不易成活，即使砧芽愈合成活，接芽也易爆裂翘起，导致生长不良甚至死亡。在砧苗近地面处横切 1 刀，长约 1 cm，深达木质部。再从横刀口中央向下竖切 1 刀，长约 2.5 cm，深达木质部。插芽片时，要用刀尖自上而下地轻轻剥开左右两边的皮层，随即将接芽轻轻嵌入砧木皮层内。切忌硬推直插，以免搓伤接芽或砧木皮层，造成流胶，影响成活。最后，用宽约 1 cm 的聚乙烯薄膜条严密绑缚。

改良 T 字形芽接后大约经过 15 d 即可以愈合，20 d 后即可解绑。改良 T 字形芽接的成活率一般在 80%以上。

(二)枝接

枝接主要包括劈接、改良舌接、切接和腹接等方法，嫁接时间在春季接穗未萌发前。

1. 劈接

劈接的适宜时间为春分前后(3 月上、中旬)，此时树液开始流动。劈接用的砧木，基部直径要在 3.5 cm 以上，接穗也应选用粗壮的枝条，所用的刀具必须锋利。先将砧木距地面 20 cm 处锯断，用刀削平断面，再用劈接刀劈 4～4.5 cm 深的劈口，用一字螺丝刀或木楔撑开切口。选取 2 个接穗，每个接穗的下端都削成 2 个斜面，长 3.5～4 cm，斜面要平滑。接穗以带 2～3 个芽为宜。削好的接穗分别从劈口的两侧插入砧木，并使其形成层对齐。如果砧木较粗，可不必绑缚；较细的砧木，可用强拉力的塑料布条绑严紧，用纸或塑料薄膜盖住伤口，再用湿土培起土堆保持湿度。注意劈口要平滑，不可劈裂。若劈口劈裂或接穗太细则会结合不紧，不易成活。

2. 改良舌接

改良舌接的嫁接时间与传统的舌接法相同，一般在 3 月下旬至 4 月上旬。传统舌接只适合较细的砧木(直径 1～1.5 cm)，而改良舌接在 2～3 cm 粗的砧木上也可应用。改良舌接的具体操作方法是：先把砧木在距地面 10～15 cm处截断，在横断面一侧 1/3 处纵切 1 刀，长约 3 cm，然后自纵切口下端另一侧向上斜削至纵切口处，形成大斜面；接穗的粗度应与砧木相近或略细，一般以带 3～4 个芽为宜；接穗的削法与砧木相似，也是先在横断面 1/3 处纵切 1 刀，长约 3 cm，再把厚的一面削成长斜面；然后将接穗的斜面与砧木的斜面插接在一起，保证一边的形成层对齐，最后用塑料条绑紧即可。

3. 切接

切接的适宜时间为 3 月上、中旬，与劈接的时间相近。切接适合在较细的砧木上应用，一般砧木的直径在 1～1.5 cm，接穗直径 0.5～1.0 cm。接穗以带 2～3 个芽为宜，下端正面削成一长斜面，长 3～3.5 cm，长斜面的对面削一小斜面，呈 45°角，长约 0.5 cm。将砧木在距地面 15～20 cm 处剪断，从断面的一侧切一纵口，深约 4 cm，将削好的接穗长斜面向里对齐，对齐边形成层插入砧木纵口，再用塑料布条绑紧。最后培土保湿或用与劈接一样的方法套上装有湿锯末的塑料袋保护。

4. 腹接

一般直径为 1.5～2 cm 的砧木嫁接时可用腹接。腹接时，将接穗的 1 个侧面削成深入木质部的斜面，长 2～3 cm，另一侧削成稍短的斜面，斜面一面稍厚，一面稍薄。若进行低接，先把砧木根颈附近的土扒开，上方截断，在根颈部向下斜割 1 刀，长度与接穗长削面相等，将接穗长切面靠里插入砧木，二者形成层对准，然后涂黏泥，用土封埋。腹接在选择嫁接部位时比较灵活，在果枝出现光秃时，采用腹接可有效填补空隙，增加枝量。

二、嫁接苗管理

1. 嫁接后的管理

嫁接成活的苗木，萌芽前在接芽以上 0.5 cm 处剪断砧苗茎干。剪砧移栽后的芽接苗，一般是砧芽先萌发，接芽后萌发，因此，在砧芽萌发时，要及时抹除砧木上的萌芽，以促使接芽萌发生长，之后还要连续除萌芽 3～4 次。接芽萌发后，选择保留 1 个健旺新梢，当新梢长到 10 cm 左右时，在苗木近旁插 1 个支柱，用麻绳或塑料薄膜带将新梢绑缚固定在支柱上，以防新梢受风折断。此后，随着新梢的继续生长，每隔 20 cm 要绑缚 1 道。但若土壤卫生条件较差时，如有象鼻虫，应通过摘心控制接芽以下砧段上萌发的新梢高度在接芽以下，待接芽长出 3～4 片叶时，再将砧段上萌发的新梢全部疏除。当个别接芽在膜内扭曲生长而没有顶破绑缚膜时，要用牙签将绑缚膜刺破，让接芽顺利长出。

为了促进苗木生长，要加强肥水管理。萌芽后每隔 20 d 左右追施尿素等速效氮肥，连施 3 次。每次随水施入的尿素用量为 11.25～15.00 g/m^2。5 月以后不再追肥，以免苗木徒长。

苗木生长期间，要做好病虫防控工作。萌芽后要严防小灰象甲，可人工捕捉，也可用 80％晶体敌百虫 800 倍液与萝卜丝或地瓜丝拌成毒饵诱杀。6 月下旬开始，每隔 15～20 d 喷 1 次 50％多・锰锌 600～800 倍液＋30％桃小灵1 000～1 500 倍液，防治叶斑病及梨小食心虫，全年喷药 4～5 次。

2. 嫁接大苗的培育

要求种植的大苗植株整齐，以期结果收益早、回收成本快。培育大苗一般需要 2～3 年，因此，从播种到苗木出圃共需要 3～5 年的时间。

培育大苗的苗床地应选在水源充足、交通方便、距恶性病虫害远、土壤疏松肥沃、通风透光良好的地块。苗床地要深犁细耙、碎细土垡、理平床面，按行距 1.5～2 m，开深 40～50 cm、宽 50～60 cm 的栽苗沟，施腐熟的细厩肥 60～75 t/hm^2 或堆肥、土杂肥 75～60 t/hm^2，施过磷酸钙或钙镁磷 22.50～33.75 t/hm^2，与 2～3 倍的肥沃表土拌匀后作为基肥施入沟中，扒沟待栽。

选用2年生、长势一致的壮苗培育大苗。若育苗地苗木密度较大，则需要移栽到培养圃内，按行距80～100 cm、株距30～40 cm栽植。若苗木密度在株距30 cm、行距50 cm以上时，也可以用坐地苗培育大苗，不需要移栽过程。为避免“胡萝卜”根的产生，坐地苗必须断根，以促发新根。栽植后进行定干，培养分枝，根据树形要求选留分枝的数量和角度，中心干延长枝不短截，以促其旺盛生长。

加强土肥水管理、病虫防控，做好整形修剪。尤其要做好施肥和整形工作，因为肥料是培育大苗的营养保证，树形是确保早果丰产的关键。施肥原则是“勤施淡施，量少次多，先淡后浓”，即施肥的间隔时间要短、次数要多、肥量要少、浓度要淡。2～5月，结合灌水每月施腐熟的清人畜粪尿水20～30 kg/株或尿素80～100 g/株；6～9月，每月施氮磷钾三元复合肥100 g/株；随着树龄和植株的逐渐增大，施肥逐渐增多、增浓。按照以后的定植密度和选用树形，适时定干整形，结合冬夏剪，培养苗高1.5～2 m、主干径粗4～5 cm、具有1～2层4～6个主枝的3～4年生的大苗用来定植，一般栽后当年就开始开花结果，第2年就可投产。

大苗出圃要掌握好“随挖、随包、随运、随栽”的原则。树根需带土球，土球要用草绳包扎。如挖运裸根苗，必须将根系蘸上泥浆、包上湿草后再装运。

第三节　苗木出圃及出圃后管理

一、苗木出圃、分级、检疫

11月苗木落叶后，在土壤封冻前必须将当年生苗刨起，以防冬季“抽干”。2年生苗木和大苗也可于翌春土壤化冻后立即出圃。根据苗干高矮、粗细以及根系发育状况等进行苗木分级。

樱桃苗木分级，可根据苗高和基部干粗(嫁接口以上10 cm处干的粗度)来分级。一级苗：苗高1.5 m以上，基径18 mm以上；二级苗：苗高1.0～1.5 m，基径10～18 mm；三级苗：苗高0.6～1.0 m，基径8～10 mm。

为杜绝检疫性病虫害通过果树苗木传播，确保苗木质量，苗木出圃外运时必须严格按照《果树苗木产地检疫操作规程》对苗木实施产地检疫，以确保我国果业的生产安全和健康发展。

二、苗木包装、运输

1. 苗木包装

苗木包装前须对根系进行处理，以便较长时间地保持苗木的水分平衡，为苗木贮藏、运输直至栽植创造一个较好的水分环境，保持苗木的活力。常用的方法有：①蘸泥浆。将根系放在泥浆中，在根系表面形成一个薄薄的湿润保护层，这个保护层应使苗捆中每株苗木的根系能够轻易分开，不对根系产生伤害。②浸水。浸水时最好用流水或清水，浸水时间最好是 24 h、不宜超过 3 d。③吸水剂蘸根。将一定比例的强吸水性高分子树脂(简称吸水剂)加水稀释成凝胶，然后将苗根浸入，使凝胶均匀附着在根系表面形成一层保护层，可以防止苗根失水，保持苗木活力。

目前常用的苗木包装材料有稻草片、纸箱、塑料袋、编织袋、麻袋、木箱等，用不同的材料包装苗木，其保护苗木活力的效果各异。同样的包装材料，运输时间越长，苗木在不利环境中所处的时间也越长，水分丧失也越多，根系活性的下降会更大。包装材料的质地、厚度及尺寸大小，关系着保湿、通气、隔热、毒性及防止碰撞、窝折、挤压等诸多要求，要根据苗木、环境条件、存放与运输条件及时间等因素选择最适合的包装材料。

樱桃苗木的包装形式有：①卷包，多用于小苗。包装时先把包装物铺于地上，上面放些湿锯末、湿稻草等湿润物，将处理过的苗木根对根地放在上面，放苗到适宜的重量后将苗木卷成筒状，用绳子捆紧。在每个包装外面附上标签，注明树种、苗龄、数量、等级和苗圃名称等。②束包，用于较大的苗。将苗木以 10～20 株为 1 束捆好，再用包装材料包裹处理后的苗木根部，最好用草绳捆紧。③带土球单株包装，用于大苗。包装时可用蒲包、草绳等材料，将苗木根部的土块捆紧，以防土块散落和苗根失水。

2. 苗木运输

短距离运输时苗木可散放在筐篓中。在筐底放置一层湿润物，再将苗木根对根地分层放在湿润物上，并在根间稍微放一些湿润物隔离，筐装满后在苗木上面盖一层湿润物。用包装机包装也要加湿润物，以保护苗根不失水为原则。

在运输期间，要经常检查包内的温度和湿度。如包内温度高，要将包打开，适当通风，并更换湿润物，以免发热。若发现湿度不够，要适当加水。应该用快捷的运输工具运输苗木，以缩短运输时间。苗木运到目的地后，要立即打开苗包，进行假植。但在运输时间较长、苗根较干的情况下，应先将根部用水浸 24 h 后再进行假植。

三、苗木假植

苗木出圃后不能及时定植或运出时，必须进行假植，以防根系脱水、失去活性。假植分为临时性假植和越冬期假植。

1. 临时性假植

临时性假植适用于短期内不能定植的苗木。选择避风、阴凉、排水良好的地方，挖宽 1 m、深 50 cm 的假植沟，长度根据苗木的多少而定。苗木分级、捆扎、根蘸泥浆后成捆排列在沟中，用细湿土埋好根系并踏实，以防透风失水。

2. 越冬假植

越冬假植适用于秋末冬初起苗，翌年栽植或运出的苗木。

土壤冻结前选避风、排水良好、地势平坦处挖假植沟。沟以东西走向较好，宽 1 m 左右、深 60 cm，苗木高大时沟适当加深，沟长依苗量而定，把摆苗处的沟壁做成 45°斜面。将苗木单株顺沟摆放在斜面上，使苗木根系在沟内舒展，再用细湿土将苗根系和苗干下半部盖严，略加振动使根与土密接，摆一层苗埋一层土。沟内土的湿度以其最大持水量的 60%～70%为宜，即手握成团、松开即散。土过干时，应在根系部浇适量的水，但水不能过多，以免根茎腐烂。根系埋土厚度以 20 cm 左右为宜，埋土太厚易发热、使根发霉腐烂，埋土太薄起不到保水、保温的作用。严寒的北方埋土应略高于定干高度。

假植的苗木既怕干又怕积水，冬季应及时检查。实践中，北方寒冷地域在大寒到来之前用土将干茎全部埋完并在沟上盖层塑料膜，既防寒流又防雪水下渗，效果很好。

无论是越冬假植，还是短期的临时性假植，都要记清品种、等级、数量等，最好绘制一个假植位置排列图或做假植记录，便于日后栽植或运出时核对。苗木应及时假植，尽量缩短其在空气中的滞留时间，以最大限度地保持苗木本身的水分，提高成活率。假植沟的土要填实，以免透风失水。苗木数量少时，可利用地下室或菜窖保存，用沙或土将根埋好即可。

参考文献

[1]刘庆忠，王甲威，张道辉，等. 3 个甜樱桃矮化砧木硬枝扦插技术研究[J]. 中国果树，2011(1)：24-26，78.

[2]林科，王甲威，宗晓娟，等. 樱桃砧木嫩枝扦插育苗技术研究进展[J]. 山东农业科学，

2011(4)：50-52.
[3]赵改荣，李明，刘聪利，等．樱桃无病毒苗木繁育技术规范[J]．果农之友，2013(12)：32-34.
[4]张序，张福兴，孙庆田，等．甜樱桃优良砧木‘优系大青叶’的选育[J]．山东农业科学，2014，46(3)：122-124.
[5]田长平，张福兴，高安妮，等．樱桃砧木嫩枝扦插生根与成苗特性初探[J]．山东农业科学，2014，46(6)：70-72.
[6]黄贞光，李明，赵改荣，等．甜樱桃半矮化砧 ZY-1 二十八年引种示范推广总结[J]．果农之友，2015(8)：48-49.
[7]蔡宇良，霍卫民．大樱桃砧木“马哈利 CDR-1”在陕北的引种表现[J]．西北园艺(果树)，2015(5)：31-32.
[8]田长平，孙庆田，张序，等．樱桃容器分枝大苗培育技术[J]．烟台果树，2018(3)：35-36.
[9]付全娟，魏国芹，侯森，等．甜樱桃病毒病及苗木脱毒技术研究进展[J]．落叶果树，2018，50(5)：28-31.
[10]李芳东，王玉霞，张福兴，等．容器与露地大樱桃苗栽植当年生长特性研究[J]．烟台果树，2018(4)：17-18.
[11]于福顺，焦功强，刘方新，等．甜樱桃砧木的应用现状及展望[J]．北方果树，2018(6)：45-47.
[12]黄贞光，齐希梁，刘聪利，等．樱桃矮化砧木应用需注意的问题[J]．果农之友，2020(1)：1-3.
[13]廖方舟，杨丽芳，高扬，等．甜樱桃营养钵育苗技术[J]．河北果树，2020(2)：56-57.

第六章 优质丰产栽培

樱桃是多年生果树，园地和品种的选择、果园的规划和布局，都会对樱桃长期的生长发育、樱桃园的产量和品质以及果园的经济效益产生长期的、决定性的影响。因此，要不断优化产区布局，适地适栽，探索适宜的种植模式，调整品种结构，推行良种良法；大力发展集约化果园，推广省力化、高光效整形修剪模式，不断提高机械化生产水平和劳动效率，降低生产成本，提高单位面积产量，提升果实品质；稳步扩大甜樱桃设施栽培面积，完善设施栽培技术；科学合理地使用农药和化肥，保证食品安全。

第一节 建园

一、园址选择

应尽量选择适于樱桃生长发育的地方建园，做到适地适栽。甜樱桃园以建在向阳的缓坡地或丘陵地区背风向阳的浅谷地为宜，这些地方春季光照和热量充足，樱桃果实成熟早且熟期一致、着色好、品质佳，经济效益高。

樱桃树体高大，不耐涝、不抗盐碱，喜光性强，对土壤的通透性要求高，地下水位低、排水良好、不易积涝、中性至微酸性丘陵坡地的沙壤土地块最适于建樱桃园。

土质和土层厚度对根系的发育和分布有直接影响。据调查，相同砧木品种的同龄甜樱桃树，在活土层深厚的地块总根量比土层浅的多 3～5 倍。樱桃园的活土层至少要在 1 m 以上。另外，甜樱桃根系的呼吸强度大，对土壤空气中氧气浓度的要求高，对土壤缺氧很敏感，建园时最好选择土质疏松、透气性强、孔隙度大、保肥性强的沙质壤土地块。黏土或底土为黏板层的土壤不利于樱桃根系的生长，在这些土壤上栽培樱桃，不仅树体生长不良，还容易诱发流胶病、干腐病、烂根病等，应避免在这些土壤上建樱桃园。在这些土壤上建园时必须掺沙进行土壤改良。

甜樱桃树枝叶茂盛，叶面积大、蒸腾量大，而根系分布相对较浅，因此对土壤缺水十分敏感。为了保证正常生长和高产优质，甜樱桃园必须保持适当的土壤湿度。樱桃的果实发育期是其大量需水期，不能缺水，而此期正值春季，是北方的春旱少雨期，因此，必须选择有灌溉条件的地方建园。樱桃是喜光树种，新梢的顶端优势很强，树冠容易郁闭，若光照不足，植株会生长发育不良，导致花芽的数量少、质量差，严重时树冠内膛小枝枯死、内膛空虚、结果部位外移，产量下降。因此，应考虑在地形开阔、光照充足的地方建园。

由于樱桃成熟期集中、不耐贮运，樱桃园应建在距销售市场近、交通方便的地点。

二、建园规划

果园小区是果园经营管理的最基本单位，应根据地形、地势、土壤条件和果园规模等将果园划分为若干个作业小区。平原地区的果园小区面积应大一些，一般为6～7 hm^2的长方形，南北向延伸，以利于获得较均匀的光照。山丘地的果园小区面积应小一些，可根据地形水平设置，长边与等高线平行，以利于保持水土；坡度较小的丘陵山地果园应顺坡成行栽植，方便机械进出。

果园的辅助建筑物包括管理用房、生产资料及农具室、采果包装场、药物配制池、水肥一体搅拌池等。平地果园管理用房等应建在交通方便的地方；配药池可设在果园小区的中心；道路分为主路和作业道，主路一般宽4～8 m，作业道宽2～4 m，以便于机械和车辆通行为原则。

果园排灌系统主要包括蓄水池、干渠、排水沟等。蓄水池应设在果园高处，干渠、支渠多沿小区边界建设。樱桃积水容易造成死树，必须规划建设排水系统。山地果园的排水沟应在梯田内侧。

防风林可改变果园小气候，减轻自然灾害。林带的有效距离约等于树高的25～30倍。林带分主林带和副林带，2条主林带相距500 m左右，中间为1条副林带。林带应与主要风害的方向垂直，在我国北方，一般在果园的西北面设置防风林带。

三、建园

(一)选择良种壮苗

选择良种壮苗对于建立樱桃园至关重要，将直接影响果园的种植收益。购买苗木时，首先要确定砧木品种、主栽品种、授粉品种，还要考虑早、中、晚熟品种的搭配；其次，要考虑苗木规格，选择规格一致的良种壮苗。优质壮苗的标准是：①苗干粗壮，直顺匀称，木质化程度高，无徒长现象。②根系发达，主根完整，侧根多且分布均匀。③砧木与接穗亲和力强，砧段长度适宜，无明显小脚现象。④无病虫害，特别是根瘤病。优质大苗对环境的适应力强、栽植成活率高、缓苗快、生长旺盛，建议选择大苗、壮苗。

依据当地的气候条件、土壤质地和栽培管理水平确定合适的砧木品种。不同的砧木对樱桃树的结果早晚、果实品质、树体大小、对不同土壤的适应能力和抗逆性等有很大的影响，如半矮化或矮化砧木进入结果期早，根系发达的砧木固地性强。丘陵山地建议选择生长势旺盛的砧木，如考特、马哈利、大青叶等，沙质薄地不宜选择矮化砧木；平原地区可以选择生长势稍弱的砧木，如吉塞拉 6 号、ZY-1 等，这些砧木抗寒、抗旱、抗涝、耐盐碱、耐瘠薄；投入和管理水平较高的小面积樱桃园，可以选择吉塞拉 5 号进行密植栽培。

砧木类型和苗木规格应根据种植模式确定。避雨或大棚促成栽培时，为早见效益应选择大苗建园，树体高度应相对矮些，宜选择矮化砧木。选择 4 年生以上的大树移栽时，最好是根带土球，以提高成活率，减少缓苗时间。

(二)配植授粉树

多数甜樱桃品种自花传粉不结实，需异花传粉，栽植时需配植授粉树。部分品种花期不遇、异花传粉也不亲和，必须配植花期一致、异花传粉亲和的品种作为授粉树。自加拿大 1968 年推出第一个自交亲和品种斯坦拉后，至今世界各地已推出许多自交亲和品种。选择品种时尽量选择自交亲和品种，如桑提娜、拉宾斯、艳阳、甜心等。配植授粉品种应考虑以下原则。

1. 授粉亲和性好

授粉品种应选择与主栽品种授粉亲和的品种。对已知 S 基因型的主栽品种，可根据其 S 基因型来选择，授粉树必须与主栽品种的 S 基因型不同(表 6-1)。未知 S 基因型的主栽品种，可依据品种间亲缘关系的远近，选择亲缘关系远的品种，并经田间试验确认亲和力强的品种为授粉品种。

表 6-1 甜樱桃不亲和品种组群及其基因型

不亲和组群	S 基因型	品种名称
Ⅰ	S_1S_2	萨米脱(Summit)、法兰西皇帝 B(Emperor Francis B)、巨晚红、巨早红、早丰王、砂蜜豆
Ⅱ	S_1S_3	先锋(Van)、斯帕克里(Sparkle)、雷洁娜(Regina)、Gil peck、Olympus、Samba、Sonnet、Sumele、福星、Cristalina、Index、
Ⅲ	S_1S_4	甜心(Sweetheart)、黑珍珠、桑提娜、雷尼、长把红、拉宾斯、早生凡、萨姆
Ⅳ	S_1S_5	Annabella、Valera
Ⅴ	S_1S_6	红清(Beni-Sayaka)、Mermat
Ⅵ	S_1S_9	早大果、奇好、友谊、极佳(Valerij Cskalov)、福晨、布鲁克斯
Ⅶ	S_2S_3	维佳(Vega)、马苏德(Mashad Black)、林达(Linda)、Rubin、Sue、维克托(Victor)
Ⅷ	S_2S_4	维克(Vic)、莫愁(Merchant)
Ⅸ	S_2S_5	Vista
Ⅹ	S_2S_7	早紫(Early Purple)
Ⅺ	S_3S_4	滨库(Bing)、那翁(Napoleon)、兰伯特(Lambert)、Ulstar、Yellow Spanish、Star、法兰西皇帝(Emperor Francis)、安吉拉(Angela)、Kristin、Somerset、Sandra rose、Sonata、Skeena、抉择、斯坦拉、红丰、艳阳、斯塔克艳红
XIII	S_3S_5	海德芬根(Hedelfingen)
XIV	S_3S_6	黄玉(Governor Wood)、柯迪亚(Kordia)、南阳(Nanyo)、佐藤锦(Sato-Nishiki)、红蜜、早露(5-106)、宇宙、养老
XV	S_3S_9	红灯、布莱特(Bigarreau Burlat)、莫莉(Bigarreau Moreau)、意大利早红、莱州脆、莱州早红(Chelan)、美早(Tieton)、早红宝石、抉择、红艳、伯兰特(Burlat)、岱红、吉美
XVI	S_3S_{12}	Princess、施奈德斯(Schneiders)
XVII	S_3S_{13}	Wellington A
XVIII	S_4S_6	佳红、Merton Glory
XX	S_4S_9	龙冠、巨红、早红珠(8-129)、友谊、长把红
XXI	S_5S_{13}	卡塔林(Katalin)、马格特(Margit)、斯克奈特(Schmidt)
XXII	S_6S_9	晚红珠

2. 花期相遇

樱桃树的花期因品种不同而有一定的差异，如早红宝石、拉宾斯、秦林的花期较早，塞尔维亚、雷洁娜等的花期较晚。开花早的品种与开花晚的品种花期基本不相遇，开花早与开花晚的品种之间花期相差 5～12 d。在确定授粉品种时，应考虑品种间花期的差异，授粉品种应与主栽品种的花期一致，或比主栽品种早 1～2 d 开花，这样才不会错过最佳授粉期。

3. 授粉品种的经济性状好

授粉品种本身必须是综合经济性状优良的品种，与主栽品种可互相授粉结实。事实上，多数品种的花粉量均较大，花期也较相近，确定授粉品种的关键还是要选择能产生正常花粉和异花授粉能结实的品种。

4. 足量配植授粉树

在甜樱桃园中，只有配植了足够数量的授粉品种树，才能满足授粉、结实的需要。一般主栽品种占 60%、授粉品种占 40%，授粉树不能少于 30%。以 3 个主栽品种混栽，各为 1/3 为宜。授粉树与主栽品种树的距离不能大于 12 m。果园中授粉品种的比例较低、授粉树与主栽品种树的距离远，都会导致坐果率低，影响产量。主栽品种和授粉品种分别成行栽植较好，便于采收和管理。

(三)栽植

1. 栽植密度

樱桃的栽植密度因立地条件、土壤质地、品种、树形、管理水平而异。宽行密株定植可以获得早期产量，也便于机械作业。生长势强、乔砧、肥水充足、管理水平高的果园，选择大冠形树形时栽植密度宜小一些，反之宜大一些。采用乔化砧，平地栽培的株行距为 3m×4m，丘陵地栽培的株行距为 2.5m×3.5m，栽植密度 825～1 140 株/hm^2，选择自由纺锤形、主干形、改良纺锤形树形；采用吉塞拉 6 号矮化砧时，建议株行距为 1～1.5m×4～4.5m，选择高纺锤形或细长纺锤形树形。

2. 栽植方式

平地和沙滩地宜采用行距大于株距的长方形方式栽植。这种栽植方式光照条件好、行间通风，有利于樱桃树的生长和结果，果实品质高；株距较小有利于发挥园片群体的防护作用，增强抗风能力。山地果园多采用等高撩壕和梯田栽植，窄面梯田可栽 1 行，在梯田外沿土层厚处栽植；宽面梯田根据田面宽度可栽多行，采用三角形方式栽植。

3. 栽植时间

在冬季低温、干旱和多风的北方及沿海地区，秋栽的樱桃树若越冬保护不当或土壤不沉实，容易抽干而影响成活，最好是春栽。春栽在土壤解冻后、发芽前进行，华北区域约在 3 月上、中旬。在温暖湿润的南方秋栽比春栽好，秋栽宜在落叶后、封冻前进行，以 11 月上、中旬为宜。

4. 栽植前土壤改良

栽植前进行土壤改良具有事半功倍的效果。山丘地透气性好，但土层薄、保肥保水能力差，土壤比较瘠薄，土壤改良的重点是加厚土层，增加保肥保水能力，可采取修筑梯田、全园深翻、客土及增施有机肥等措施。沙滩地虽然透气性较好，但保肥保水能力差，土壤改良时如沙层下有黏板层，首先必须深翻打破黏板层，然后通过施有机肥、掺黏土等方式增强其保肥力。

5. 挖穴(沟)及施肥回填

确定主栽品种及株行距后，要及时挖穴(沟)，平原较黏的土壤必须开沟。为防止穴(沟)内土壤不沉实，挖穴(沟)及施肥回填必须在冬季前完成，否则若栽前才挖穴(沟)回填，容易因土壤下沉而导致栽植过深、苗木生长不良。穴的直径(或沟宽)1 m、深 80～100 cm。挖穴或开沟时，将表土与心土分开放置。定植穴(沟)挖好后，应及时施肥回填。由于各层土壤的作用和性质不同，回填时要区别对待。穴(沟)底层土，多数风化不良、通气不好。因此，应把粗大的有机物(如碎树叶、作物秸秆、杂草等)与原深层土混合填入，以改良深层土，增加透气性。30～70 cm 的中层土是樱桃盛果期树根系的主要分布层，这层土一定要均匀，可回填混有优质有机肥的表土。0～30 cm 处的表层土是樱桃幼树根系的分布层，要做到精细，可回填掺有少量复合化肥和有机肥的原表土，把剩余的底土撒在表面使之风化。回填后要及时浇透水，促进土壤沉实及有机肥的分解。

6. 栽植

第 2 年春天 3 月中旬，在原穴中央挖 30 cm 见方的小穴。挖出来的土掺优质有机肥和约 5 g 磷酸二铵放在一边备用。把苗木放入小穴中，苗木的原土印痕与地面平齐，将根系舒展开，用掺好肥的土填在根系周围，一直填到略高于地面。填土过程中要边填土、边踏实、边提动苗木，然后再踏实，使根系与土壤充分接触。在树周筑起土埂，整好树盘，随即浇透水。水渗后，整平树盘，用一块地膜覆盖树穴，以利于提高地温、保持湿度、促发新根，提高苗木的成活率。如不覆盖地膜，水渗后要培土保墒。

如果栽植半成苗(接芽成活的苗)，栽后先不要剪砧，待接芽萌动后再剪砧，接芽长至 20 cm 高时立支柱把新梢绑在支柱上以防风折。要注意除萌，以免萌蘖与接芽竞争水分和养分从而影响成活。

樱桃树怕涝，平地果园最好起垄栽植。方法是：按预定的株行距挖深 1 m 的沟，按回填要求回填，最后用行间表土和有机肥混匀后起垄，垄高 30～

40 cm，垄顶宽约 40 cm，垄底宽约 1 m，将樱桃树按栽植要求栽在垄上。起垄栽植可防止夏季雨水积涝及传播病害，种植当年比平栽树的生长量增加 1 倍，树体发育更好。

7. 大树移栽

为了获得早期产量，有些园片采用较高的密度定植，如株行距为 1m×3m 和 2×3m。进入结果期后，随着树龄的增加果园难免出现郁闭，这时必须间伐或移栽。对盛果期大树的间伐无疑是一种浪费，所以最好是移栽。实践表明，大树移栽建园可直接进入结果期，经济效益显著。

(1)移栽时间。大树移栽在春季进行，从萌芽前 2 周至萌芽为最佳时间。实践表明，春季 3 月上旬大树移栽的成活率在 95%以上。

(2)移栽前的准备。移栽前须对移栽树进行适当重剪，修剪程度是常规修剪量的 1.5 倍。移栽前 1 周要对移栽树灌水，以便于挖移栽树。对移栽建园地要进行土壤改良，具体操作可参照前面建园部分的内容。最好在前一年的秋天或冬天挖宽 1.5 m、深 1.2 m 的栽植沟，施入有机肥后回填，浇水沉实。对前茬为果树的地块，栽植沟应客土回填，并施入足量的有机肥。

(3)移栽要点。挖移栽树时，从树冠外围投影向外 20 cm 处环树下挖。近距离移栽时移栽树可不带土球，但在挖掘时应尽量避免伤根、保持根系完整，树体挖出后立即定植。远距离移栽时根系应带土球挖掘，为防止土球松散，可用草绳缠绕土球。

根据树的根系大小确定定植穴的大小，栽植深度与树体原来的土印痕平齐，切忌栽深。树体根系在穴内要舒展开，填土踩实后做垄浇水。对移栽树应加强肥水管理与病虫害防治，以便尽快恢复树势，使其正常结果。

第二节 整形修剪

一、与整形修剪有关的生长发育特点

(1)顶端优势。枝条顶端的芽的萌发力和成枝力均强于下部芽，且向下依次递减，这一现象被称为顶端优势。在修剪甜樱桃树时可根据这一特点，运用不同的修剪方式达到不同的修剪目的。如，为了使树体生长势转旺，可多留旺枝，或在壮枝、壮芽处剪截以促发旺枝，或抬高弱枝枝角增强枝势以促发旺枝；为了缓和树势、提早结果，可多留水平枝和下垂枝，或开张旺枝角度以削弱其优势，促生短枝结果。甜樱桃幼树生长势强，突出表现在外围发

育枝，其顶部均易抽生数个发育枝，形成二叉枝、三叉枝或四叉枝，甚至更多的长枝，其下多形成短枝，中枝很少，如果放任这种枝条生长，就会出现明显的顶端优势。由于顶端抽生大量长枝，消耗了大量养分，会使下部枝逐渐枯死秃裸，因此，削弱幼树顶端优势，促发结果枝，是修剪中极为重要的任务。

(2)芽的早熟性。在自然生长条件下，如果当年生新梢上的芽能抽生副梢，即为早熟，甜樱桃具有这一早熟特性。在幼树生长季节采用摘心、扭梢等夏剪措施，可促发二次枝，使其尽早进入结果期，达到早果、丰产的目的。

(3)萌芽力、成枝力。萌芽力是指 1 年生枝上芽的萌发能力，成枝力是指 1 年生枝上萌发芽抽生长枝的能力。萌芽力、成枝力的强弱，是确定不同修剪方法的重要依据。甜樱桃幼树的萌芽力和成枝力均较强，生长量较大，扩冠迅速，结果早，进入盛果期快，因此，整形修剪时要充分利用这一特点，采用轻剪长放措施，以夏剪为主，促控结合，扩冠成形，促进花芽形成、早结果。而萌芽力高、成枝力弱的品种，需运用短截的修剪方法，扩大树冠，增加结果面积。

(4)枝角。直立生长的枝条，角度小，顶端优势强，往往生长过旺，不易成花。运用拉枝、拿梢等措施开张枝条角度，使其水平生长，缓和枝势，有利于中、短枝的形成，使成花容易。

甜樱桃幼树的长枝角度小，易形成夹皮枝，这种夹皮枝应尽早开角或疏除，否则，随着枝龄增长，结果过多时夹皮枝易劈裂。同时，夹皮枝极易发生流胶病。因此，不宜选用夹皮枝作为骨主干来培养。

(5)品种类群。不同甜樱桃品种类型的生长结果习性各具特点，对整形修剪的要求不同。对于干性强的品种，树形宜采用主干疏层形或纺锤形；对于干性弱的，树形宜采用丛状形。

甜樱桃以短果枝和长果枝结果为主，长果枝只有基部节间短缓部分的腋芽能转化为花芽，其余上部的芽都为叶芽。另外，长果枝上的花芽不如短果枝花芽充实饱满，因此，修剪上应争取多形成短枝。

甜樱桃是喜光性强的树种，在良好的光照条件下易成花、结果早，有利于丰产、稳产、优质。甜樱桃对光照要求高，在大枝密挤、外围枝量多、冠内通风透光条件差的情况下，内膛小枝和枝组易枯死，因此，减少外围枝量和缓和先端生长势以改善通风透光条件，是提高甜樱桃树冠内枝条质量和延长其结果寿命的主要途径。生产中甜樱桃树宜采用开心形整枝。

(6)树龄和树势。不同树龄的甜樱桃，其生长结果习性不同，修剪的目的和方法也就会有差异。幼树以整形为主，修剪的目的是增加枝叶量，迅速扩大树冠，促其及早成花结果；盛果期树以结果为主，修剪的目的是缓和树势，培养结果枝组，增加结果面积，促进营养生长向生殖生长转化。对生长旺盛的树，应轻剪缓放，缓和树势，促进结果枝形成；对生长势弱的树，应通过短截措施局部促进其生长势，促进树体的复壮。

(7)栽培条件。立地条件和栽培方法不同，其修剪特点也有差异。立地条件差的果园，树体生长偏弱，宜采用低树干、小冠形整枝，并注意复壮修剪；立地条件好的果园，树体生长势较旺，宜采用大、中型树冠整枝，并适当轻剪缓放，促进早成花芽、早结果。栽植密度较大的果园，宜采用小冠形整枝，尽早促进树冠的形成，随时采取促花修剪措施。对计划密植的果园，临时性植株与永久性植株宜采取不同的修剪方法，修剪的目的是促使临时株早结果、永久株迅速成形，待永久株结果后，再间伐临时株。

二、整形修剪

(一)整形修剪原则

(1)因树修剪，随枝做形。樱桃树的整形修剪，要根据品种的生物学特性、不同的生长发育时期及树体的具体情况，确定应该采用的修剪方法和修剪程度，以达到修剪的最佳效果。

(2)统筹兼顾，合理安排。根据栽植密度选择适宜的树体骨架，既要有长远规划，又要考虑实际，不宜片面追求某一种树形，要做到"有形不死、无形不乱、灵活掌握"。对具体的植株或枝条要灵活处理，形成一个符合丰产稳产的树体结构，做到主从分明、条理清楚，既不能影响早期产量，又要形成丰产树形，使生长与结果均衡合理。

(3)树枝开角，促进成花。枝条开张角度后，枝势减弱，从营养生长向生殖生长转化，有利于提早成花。主要开张骨干枝角度，使树体长势中庸，有利于丰产稳产。夏季修剪可采用摘心、扭梢、拿梢、环割等措施，促进枝量的增加和花芽形成，提高早期产量。

(4)轻剪为主，轻重结合。甜樱桃的生长、结果情况在年生长发育周期和整个生命周期中各有不同，修剪的目的和方法也有差异。因此，要根据甜樱桃不同时期的生长发育特点以及树体的具体情况修剪，以轻剪为主，轻中有重、重中有轻，轻重结合，调节树体的生长势，保持长期的经济结果年限，达到壮树、丰产、优质的目的。

(二)不同类型树的整形修剪

(1)强旺树应采取缓势修剪措施。适当加大各骨干枝的角度，将辅养枝及其余枝条拉至水平，也可将部分竞争枝拉下垂或从旺枝基部扭伤。对大枝可采用疏除或缓放的方法，首先分期分批疏除中上部密集大枝，但一次疏除不宜过多，因为多数去枝留下的伤口愈合困难，易发生严重的流胶现象。因此，疏除大枝应特别谨慎，对能保留的大枝可进行缓放或去顶，结合疏除减少其上的长枝数量。另外，利用刻芽或环割，促进花芽形成、及早结果，以果压势。

(2)弱树应采用助势修剪方法。各主干枝的开张角度不宜过大，应多留枝，特别是多留长枝。长枝以轻、中短截为主，抬高枝角，增强枝势。另外，注意尽量少留伤口、少留果，以便恢复树体的生长势。

(3)上强下弱树，由于中央领导干每年留壮芽、壮枝带头，上部枝条长势明显优于下部枝条，上升过快；一层主枝短截过重或疏枝过多，枝叶量少，限制了长势及树冠扩展；下层主枝开角过大、结果多；中干中上部出现过多过大的辅养枝，疏枝不及时将造成上部骨干枝过密，影响下层枝的长势。修剪时疏除中干中上部的过密、过旺枝，留弱枝当头，其余枝拉平缓势，下层主枝延长枝中截，多短截，增强生长势。

(4)下强上弱树，其修剪原则是下抑上促。下层主枝选弱势枝当头，疏除或极重短截旺枝，并开张主枝角度，辅以环割或扭伤，抑制下层主枝的生长势。上部枝采用中截方法，加快增加枝叶量，增强生长势。

(5)外强内弱树，修剪时首先要调整好主、侧枝角度，疏除树冠外围过密的旺枝和多年生密挤大枝，增加内膛的光照强度，增强内膛枝的生长势；对于上旺枝可采用环割法促花控长，或采用极重短截培养枝组；内膛细弱枝留壮芽短截，增强生长势。

甜樱桃树的修剪还应注意以下两点：一是修剪期越晚越好，最好在春季萌芽前进行休眠期修剪，修剪过早伤口易流胶，影响树体生长。二是重视疏枝方法。疏除大枝时，锯口要平、小，不留枝桩，以利于尽快愈合；疏除过密 1 年生枝时，由于甜樱桃 1 年生枝的基部腋芽为花芽，所以，可先在基部腋花芽以上短截，待结果后再疏除。

(三)不同树龄树的整形修剪

1. 幼树

甜樱桃幼树修剪的主要任务是，依据丰产树形的树体结构特点和植株的具体情况，选骨干枝，促进幼树发育，实现早结果。

(1)定植当年树的修剪。苗木定植第 1 年要经历一个缓苗期，其长势不很旺盛。应根据整形的要求进行定干，并选留好第 1 层主枝。

定干高度要根据种类、品种特性、苗木生长状况、立地条件及整形要求等来确定。成枝力强、树冠开张的种类和品种，以及平地、沙地条件下，定干高度为 100～120 cm；成枝力弱、树冠较直立的种类和品种，以及山丘地条件下，定干高度可稍低，以60～80 cm为宜。定干后可抽生3～5个长枝。冬季修剪时，根据发枝情况选留主枝。留作主枝的，剪后留长40～50 cm。

(2)第2年树的修剪。经过1年的缓苗之后，定植第2年的幼树可恢复生长，并开始旺盛生长。应采用夏季修剪的各项措施控制新梢旺长，增加分枝级次，促进树冠扩大；通过休眠期修剪，继续选留、培养好第1层主枝，并选留第2层主枝和第1层主枝上的侧枝。

夏季修剪，当新梢生长到20 cm左右时，用手掐去部分嫩梢，使新梢加长生长暂趋停顿，促进侧芽萌发抽枝。如果新梢加长生长仍很旺盛，每隔20～25 cm连续摘几次心。

冬季修剪，根据幼树的生长情况灵活运用。如果第1年已选足了第1层主枝，并且经过第2年生长期摘心，分枝较多时，培养开心自然形的，即可在离主枝基部60 cm的部位，选择1～2个方位角度适宜的枝条培养为侧枝；培养主干疏层形的，可在中央领导干上离第1层主枝70～80 cm的部位，选留1～2个方位角度适宜的枝条，作为第2层主枝，并在第1层主枝上，离基部60 cm左右的部位，选留好1～2个侧芽。

不管是哪种树形，主枝的剪留长度为40～50 cm，侧枝的剪留长度在40 cm左右。摘心分枝较多的，可在侧枝上选留副侧枝，剪留长度在30 cm左右。树冠中的其余枝条，斜生、中庸的可行缓放或轻短截，长势过旺并与骨干枝相竞争的，可视情况疏除或行重短截。

2. 初结果树

无论采用哪一种树形，甜樱桃植后3～5年就可进入初果期。此期修剪的主要任务是继续完成树冠整形，增加枝量，培养结果枝组，均衡树势，为过渡到盛果期创造条件。

(1)继续扩大树冠，完成树形。进入初果期的幼龄树，由于苗木标准及采用树形等的不同，树形形成有早有晚。对于仍未完成整形的树，要继续通过适度剪截中央领导干和主枝延长枝，选择适当部位的侧芽进行刻芽促萌，培养新的侧枝或主枝。对于树体高度已达理想标准的树，可以在顶部一个主枝或顶部一个侧生分枝上落头开心。对于角度偏小或过大的骨干枝，仍需要拉枝开角，调整到合理的角度。对于整形期间选留不当、过多过密的大枝，以及骨干枝的背上大枝，应及时疏除，以便将树体调整到合理的结构，完成树冠的整形工作。树冠覆盖率尚未达到75%左右时，仍然需要短截延伸，扩大树冠，占领空间。已经达到树冠体积的树，要控势促花芽，增加结果面积和花芽量。在扩冠的基础上稳定树势，为高产优质创造条件。

(2)培养结果枝组。甜樱桃的结果枝组可分为鞭杆型枝组、紧凑型枝组以及大、中、小型结果枝组。

鞭杆型枝组的培养：鞭杆型枝组长度一般在 1 m 以上，径粗在 2 cm 以上。其上着生各类结果枝组和小型枝组，分布越多，产量越高。这类枝组多由强弱不等、部位适宜的发育枝，经连年甩放或轻打头培养而成。其先端分枝通过强摘心控制或者疏除，使中下部多数短枝在缓放的第 2 年形成花束状果枝或短果枝。培养这类枝组，要注意加大分枝角度和改善光照条件。由于这类枝组更新难，主要依靠修剪维持，使大量的多年生花束状果枝和短果枝生长健壮，提高坐果率，延长结果期限。

紧凑型结果枝组的培养：对背上旺枝，可用极重短截法培养成紧凑型结果枝组。对于 45～60 cm 长的中庸枝，采用先甩放后回缩的方法培养成紧凑型结果枝组。

大型结果枝组的培养：一是对生长较旺的发育枝先甩放 1～2 年，使枝条的生长势得到缓和，再进行收缩，确定枝轴长度。二是对骨干枝背上的直立枝采用重短截来培养大型结果枝组。

中、小型结果枝组的培养：对长度为 40 cm 左右的中弱枝，多数只能培养成中、小型枝组。方法是先修剪后缓放，然后再回缩。

(3)均衡树势。甜樱桃在初果期也需要平衡好各级骨干枝的生长势，理顺从属关系，即中干的生长要强于主枝，主枝要强于侧枝，下部主枝要强于上部主枝，同层主枝之间的生长势要均衡。维持树体各级骨干枝的位置和生长势，是保证丰产稳产的基础。但生产中易出现各种不平衡现象，这就要求在修剪上抑强扶弱，促其平衡。

3. 盛果期树

在正常管理条件下，甜樱桃树经过 2～3 年的初果期即可进入盛果期，进入盛果期后生长势开始衰弱。此期修剪的任务是维持健壮的树势，通过修剪和加强管理，调节好生长和结果的关系，以达到高产、稳产和优质的目的。

盛果期甜樱桃壮树的指标：外围新梢长度在 30 cm 左右，枝条粗壮，芽体充实饱满；大多数花束状果枝或短果枝具有 6～9 片莲座状叶片，叶片厚，叶面积大，花芽充实；树体长势均匀，无局部旺长或衰弱现象。

盛果期大量结果后，随着树龄的增长，树势和结果枝组逐渐变弱，结果部位外移。应采取回缩和更新措施，促使花束状果枝向中、长果枝转化，以维持树体长势中庸和结果枝组的连续结果能力。对鞭杆枝组采用缩放手法进行更新，当枝轴上多年生花束状果枝和短果枝的叶数减少、花芽变小时，应及时回缩，选偏弱枝带头，维持和巩固中、后部的结果枝，但不可重回缩，以免减少结果部位，降低结果能力；当枝轴上各类结果枝正常时，可选用中庸枝带头，保持已稳定的枝叶量。对中、小型结果枝组，要根据其中、下部结果枝的结果能力，在枝组先端的 2～3 年生枝段处回缩，促生分枝，增强长势，增加中、长果枝和混合枝的比例，维持和复壮结果枝组的生长结果能力。特别要注意的是，维持和更新结果枝组生长结果能力，不能单独依靠枝组本身的修剪，还要考虑调节和维持其所着生的骨干枝的长势。当结果枝组长势衰弱、结果能力下降时，其所着生的骨干枝延长枝应选弱枝延伸，或轻回缩到一个偏弱的中庸枝当头；当结果枝的结果能力强时，其着生的骨干枝延长枝宜选留壮枝继续延伸。

进入盛果期的树，修剪上一定要注意甩放和回缩要适度，做到回缩不旺、甩放不弱，这样才能达到结果枝组结果多、质量好的丰产优质目的。

4. 衰老期树

甜樱桃自大量结果开始，大约经过 15 年的时间，因多数结果枝枝轴的延伸，结果部位远离母枝，生长结果的能力明显减弱，进入衰老期，树势明显衰弱，果实产量和质量下降，此时应及时进行更新。修剪的任务是更新树冠和培养新枝，从中选留一些方向适当的枝芽，通过培养重新恢复树冠骨架。

更新时主要是处理密集大枝，并在内膛光秃带培养结果枝。需更新的大枝，最好是分期分批进行，以免一次疏除大枝过多，削弱树冠的更新能力。在更新大枝的同时，若其上着生有较旺的侧生枝，也可在较旺的侧生枝上端更新，以后培养为主枝。衰老树的内膛大都光秃，可利用树冠内膛的徒长枝来培养大枝或结果枝，这就必须进行重短截，削弱其生长势，促进分枝，及早形成结果枝。更新的时间以早春萌芽前进行为好。如果仅骨干枝上部衰弱，中、下部有较强的分枝时，也可回缩至较强分枝上进行更新，使树势尽快恢复。

放任生长的甜樱桃树，树无定形、结构紊乱，树冠直立、角度不开张，大枝多，外围枝头密挤，成花晚、花芽质量差、产量低。因此，应该采用因树修剪、随枝做形，疏枝、开角相结合的办法，迅速加以改造和调整，以形成一个健壮、高产、优质的树体结构。

对于自地面就有较多大枝的无主干树，可以改造成丛状自然形。选择方位适宜、长度比较一致的 4～5 个大枝，用拉枝开角的方法把角度调整到30°～40°。每个主枝上选留向冠外方向生长的侧枝 5～6 个，把角度开张到 70°～80°。对于有主干而无明显中干、树冠基部有较多大枝的树，可以改造成自然开心形。改造方法如上。对于有比较明显中干的树，如树龄尚小、枝条角度大、开张还比较容易的，可改造成改良主干形；如树龄稍大，枝条角度大、开张有困难的，可以改造成类似苹果树的主干疏层形或三主枝改良纺锤形。

疏除大枝要慎重，可分期分批疏除，一般 2～3 年处理完毕。首先疏除严重扰乱树形的大枝，如丛状自然形或自然开心形选留主枝后的多余大枝，由竞争枝发展起来的双(主)干枝等。其次是疏缩一部分轮生枝、丛状自然形或自然开心形主枝上的大内向枝，以及改良主干形中干上的过多过密大枝。疏除轮生枝时，可以采用“疏一缩一”法，避免对口疏枝。疏枝后第 2 年，在疏枝处及其以下部位，可能由不定芽或隐萌芽发出一部分枝，在有空间处应及时摘心控制，培养分枝，形成结果枝组；无空间处应及时抹掉。对其余可能反旺的枝条，也应通过夏剪及时调整控制。

开张大枝角度时，以拉枝为主，并以绳索固定，用铁丝栓住大枝条的 1/3 或 1/2 处，着力点用废胶管、硬纸板等物衬垫，防止损伤皮层，下端用木桩固定在地下，把大枝向下拉至整形所需的角度，防止角度返上。个别长势强、枝较粗、拉枝开角有困难的大枝，也可以用大枝基部背面“连三锯”的方法开角，忌用背后枝换头。对外围枝头要疏缩多分头枝，实行“清头”。

经过清理大枝及开角、疏枝，改善了树冠内的光照条件，缓和了外围极性，内膛短枝、花束状果枝、叶丛枝得到了保护。在此基础上，通过全树轻剪缓放就可以很快形成大量的优质结果枝，为丰产创造条件。

(四)修剪时期及方法

甜樱桃树的整形修剪可分为夏季修剪和冬季修剪。

1. 夏季修剪

夏季修剪又称为生长期修剪，甜樱桃的修剪任务主要在夏季完成。该期修剪好处：一是剪口容易愈合，不易枯死。二是夏剪矮化了树体，稳定了树势，可以更有效地利用空间。三是由于树体过旺生长受到了抑制，因而消灭了由轮枝孢属真菌所引起的枯萎病，并可抑制在幼树休眠期危害树体的流胶病。四是增加了枝叶量，促进了花芽的形成，有利于提早结果。

夏季修剪的方法主要有摘心、扭梢、拿梢、拉枝、短截等。夏季修剪主要在幼树上应用，待树体进入满冠时应停止使用。

(1)刻芽。刻芽是指在芽或叶丛枝上方横切一刀，深达木质部，其长度超过芽盘宽度，可促生枝梢。刻芽多在萌芽前树液流动后进行，其作用是提高侧芽或叶丛枝的萌发质量，增加中、长枝的比例，有利于整体树势，防止光秃。刻芽仅限于在幼旺树和强旺枝上进行。为了整形的需要，只在需要发枝的部位选芽质好的侧芽或叶丛枝进行刻芽。一般刻芽早、刻得深则发枝强，刻芽晚、刻得轻则发枝弱，可根据需要来确定。另外，刻伤部位应在上方 0.5 cm处，这样抽出的枝开角较大，否则易抽生夹皮枝。

(2)拉枝。拉枝可以开张枝条或主枝基角，有利于削弱顶端优势，缓和树势或枝势，增加短枝量，促进花芽形成。另外，拉枝还可改善树冠内膛的光照条件，防止结果部位外移。由于甜樱桃的幼树生长旺盛，主枝基角小，枝条直立，需拉枝开角。

早拉枝有利于早形成结果枝，幼树期应及早拉枝开角。一般在春季树液开始流动后进行拉枝，也可在采收后进行。由于甜樱桃树的分枝角度小，拉枝很容易劈裂，造成分枝处受伤流胶，可以在拉枝前用手摇晃大枝基部使之软化来避免劈裂，这样做也易于开角。拉枝时应注意调节主枝在树冠空间的位置，使之分布均匀；辅养枝拉枝应防止重叠，以利于合理利用树体空间。

(3)摘心。摘心是指在新梢木质化以前摘除或剪掉新梢的先端部分，主要用于增加幼树或旺树的枝量或整形。通过摘心可以控制新梢旺长，增加分枝级次和枝叶量，加速扩大树冠，促进营养生长向生殖生长转化，促生花芽，有利于幼树早结果，并减轻冬季的修剪量。

摘心可分为早期摘心和生长旺季摘心。早期摘心在谢花后 7～8 d 进行，将幼嫩新梢保留 10 cm 左右进行摘除。摘心后除顶端发生 1 条中枝外，其余各芽可形成短枝和腋花芽，主要作用是控制树冠和培养小型结果枝组。早期摘心可以减少新梢生长与幼果发育争夺养分，提高坐果率。生长旺季摘心在 5 月下旬至 7 月下旬进行，可以增加枝量，方法是将旺梢保留 30～35 cm、摘除余下部分。幼旺树连续摘心可以促进短枝形成，以提早结果。树势旺时可连续摘心。7 月下旬以后摘心，发出的新梢多不充实，易受冻害或抽干。

(4)扭梢。扭梢是指在新梢半木质化时，于基部 4～5 片叶处将新梢轻轻扭转 90°并伤及木质部，使新梢下垂或水平生长，主要应用于中庸枝和旺枝。扭梢可在 5 月底至 6 月初进行。扭梢后阻碍了叶片光合产物向下运输和水分、无机养分向上运输，减少了枝条顶端的生长量，相对地增强了枝条下部的优势，使下部营养充足，有利于形成花芽。要把握好扭梢时间，扭梢过早，新梢嫩、易折断；扭梢过晚，新梢已木质化且硬脆，不易扭曲，用力过大则易折断。

(5)拿梢。拿梢是指用手对旺梢自基部至顶端逐渐捋拿，伤及木质部而不折断的操作方法。拿梢时间为采收后至 7 月底，其作用是缓和旺梢的生长势，增加枝叶量，促进花芽形成，还可调整 2～3 年生幼龄树骨干枝的方位和角度。

2. 冬季修剪

冬季修剪一般在落叶后至萌芽前进行，很容易造成剪口干缩，出现流胶现象，消耗大量的水分和养分，甚至引起大枝死亡。甜樱桃树冬季修剪的最佳时期在树液流动之后至萌芽前，主要方法有短截、缓放、回缩、疏枝等。

(1)短截。短截是指剪去 1 年生枝梢的一部分的修剪方法。依据程度，短截可分为轻短截、中短截、重短截和极重短截。

轻短截：剪去枝条的 1/4～1/3，留枝长度在 50 cm 以上。特点是成枝数量多，平均抽生枝条 3 个左右。轻短截削弱、缓和了枝条的顶端生长优势，增加了短枝数量，上部枝易转化为中、长果枝和混合枝。在幼龄树上对水平枝和斜生枝进行轻短截，有利于提早结果。

中短截：剪去枝条的约 1/2，留枝长度为 45～50 cm。特点是有利于维持顶端优势，成枝力强于轻短截和重短截，新梢生长健壮，抽枝数量多，平均成枝量在 4 个左右，最多的达 5 个。幼树枝条短截时间过长、短截枝量过多，必然影响树冠的通透性，出现修剪年限长、结果晚的现象。中短截主要用于骨干枝(如主枝、侧枝延长枝)，以扩大树冠，也可用于中、长结果枝组的培养。

重短截：剪去枝条全长的 2/3 以上，留枝长度约为 35 cm。特点是能够加强顶端优势，促进新梢生长。重短截成枝数量少，成枝力较弱，平均成枝数 2 个左右。在幼树整形过程中重短截起到平衡树势的作用。另外，可利用背上枝重短截来培养结果枝组。平衡树势时，对长势壮旺的骨干枝延长枝进行重短截，能减少总的生长量。在骨干枝背上培养结果枝组时，第 1 年行重短截，翌年对抽生出的中、长枝采用去强留弱、去直留斜的方法培养结果枝组。

极重短截：剪去枝条的 4/5 以上，留基部 5～6 个芽。极重短截在甜樱桃结果树上极少应用，仅在待疏除的 1 年生枝上应用。若欲疏除的枝条的基部有腋花芽，可采用极重短截，待结果后再疏除；基部无花芽而极重短截，可培养花束状结果枝组，也可控制过旺树体。在幼树期采用纺锤形整形的过程中，为了增加干、枝粗度比值，培养理想树形，一般采用极重短截，对中干上萌发的 1 年生枝条留 3～5 个芽极重短截，培养枝轴较细的结果母枝和增加结果母枝的数量。

总之，短截修剪可加强新梢长势，增加长枝比例，延缓花芽形成。

(2)缓放。缓放是指对 1 年生枝不短截，任其自然生长。缓放与短截的作用效果正好相反，主要是缓和枝势、树势，调节枝叶量，增加结果枝和花芽数量。当然，枝条缓放后的具体反应，常因枝条的长势、着生部位和生长方向而有差异。生长势强、着生部位优越、直立的枝条，经缓放尤其是连年缓放后，加粗生长量大，花束状果枝多；而长势中庸的水平、斜生枝条缓放后，加粗生长量小，枝量增加快，枝条密度大，且花束状果枝较健壮，在缓放枝上的分布也比较均匀。

因此，在甜樱桃幼树和初结果树上适当缓放中庸斜生枝条，是增加枝量、减缓长势，早成、多成花束状果枝，提早结果和早期丰产的有效措施。直立竞争枝缓放时，由于枝条加粗快，易扰乱树形，使下部短枝枯死，易导致结果部位外移。因此，缓放这类枝条时应与拉枝开角、减少先端的长枝数量相配合。

(3)回缩。回缩是指剪去或锯去多年生枝的一部分，又称缩剪。适当回缩能促使剪口下的潜伏芽萌发枝条，恢复树势，调节各种类型的结果枝比例。

对结果枝组和结果枝进行回缩，可以使保留下来的枝芽拥有较多的水分和养分，有利于壮势和促花。缩剪适宜，结果适量，可保持树势中庸健壮，而无目的的回缩则易影响产量和质量。

(4)疏枝。疏枝是指从基部剪除1年生枝或多年生枝，主要用于树冠外围过旺、过密或扰乱树形的大枝，有利于改善树冠内膛的光照条件、均衡树势、减少营养消耗、促进花芽形成。在整形期间，为减少冬季修剪的疏枝量，生长期应加强抹芽、摘心、扭梢等措施。对于一定要疏除的大枝，一般于采果后进行疏剪。对甜樱桃的多数品种来说，疏枝应用极少，原因是甜樱桃树疏枝后出现的伤口愈合慢，在生长期易引起流胶，造成幼树生长衰弱、盛果树早死；幼树疏枝过多时成形慢、枝量少，盛果期树疏枝过多则产量低。因此，不宜一次疏枝过多，应分期、分批进行。

(五)适宜的丰产树形

1. 自由纺锤形

(1)树体结构特点。中干直立粗壮，树高3 m左右，干高50～60 cm，中干上着生25～30个近水平单轴延伸的骨干枝，骨干枝粗度控制在5 cm以下。该树形骨干枝数量多(大约是苹果自由纺锤形的2倍)，有利于骨干枝粗度的控制。对基层发育枝进行极重短截，重新培养骨干枝，有利于基部冠径的控制，株行距3m×4m的果园能保持一定的行距。中下部骨干枝多，上部骨干枝少，利于通风透光，控制上强。通过抹芽和刻芽措施，可使骨干枝间没有明显的分层，树体结构紧凑，空间利用充分。低干矮冠便于修剪和采收，树体抗风力强。

(2)整形修剪要点。第1年，春季苗木定植后留70～80 cm定干，剪口离第1芽不要太近，然后涂抹白乳胶或果树愈合剂，以防剪口风干。抹除第1芽下的2～5个芽。再向下选3～4个不同方位的芽进行刻芽或涂抹抽枝宝或发枝素之类的抽枝激素，促发分枝。

第2年，早春对中心领导枝留50～60 cm短截，并对其下部芽眼进行部分刻芽或涂抹抽枝激素，促发新梢。对基层枝留3～5芽极重短截，促发分枝，培养枝龄较其着生的中心干晚1年的单轴延伸枝。基层枝极重短截后，每个可萌发2～3个新梢(将来的单轴延伸枝)。5月下旬至6月上旬，对中央领导枝剪口下萌发的强旺新梢，除第1新梢外，其他强旺新梢留15 cm左右短截，促发分枝，并削弱其与中心延长新梢的竞争力。9月下旬至10月上旬，待新梢生长势减弱、有快停长的趋势时，除中心延长新梢外，其余新梢采取牵拉的方式拉平。

第3年，早春对中心领导枝继续留60 cm左右短截，并对其下部分芽眼进行刻芽或涂抹抽枝激素，促发新梢。5月对于拉成水平的枝条背上萌发的直立新梢及早疏除。另外，水平枝条甩放后，梢端易萌发3～5个五叉头新梢，除选1个新梢继续作延长头外，从基部疏除其余五叉头新梢。

第4年，早春对中央领导干继续短截，其余枝拉平甩放，促其成花。树高保持在2.5～3 m，最上留1枝拉平当作单轴延伸枝，使树头形成平顶。

2. 细长纺锤形

(1)树体结构特点。树高2.8 m左右，干高70 cm，骨干枝数>30个，骨干枝角度>90°，枝量42万条/hm^2左右。该树形树体成形快、早丰性强，适于密植栽培。骨干枝数量多，有利于骨干枝枝径的控制。骨干枝呈微下垂状态，利于控冠，便于果园小型机械行走。通过捋枝或按压方式开张骨干枝角度，可节省大量拉枝用的木橛和拉绳，省时省力。

(2)整形修剪要点。春季或秋季栽植高度在1.5 m以上的优质苗木建园，株行距为2m×4m。

第1年，培养健壮强旺的中心领导枝。早春苗木栽植后留1.1～1.2 m定干，剪口距第1芽1 cm左右，剪口涂抹猪油或白乳胶。抠掉剪口下第2、第3、第4芽，保留第5芽，抠掉第6、第7、第8芽，保留第9芽。其下每隔7～10 cm刻一芽，直至地面上70 cm高度为止，70 cm以下的芽不再处理。当侧生新梢长到40 cm左右时，扭梢至下垂状态，控制其伸长生长，促使中心领导梢快速生长。

第2年，促使中心领导枝萌发更多下垂状态的侧生枝。树体萌芽前中心领导枝轻剪头，其他侧生枝留1芽极重短截，剪口距芽1 cm左右，剪口涂抹猪油或白乳胶。芽体萌动时对中心领导枝每隔5～7 cm进行刻芽(用小钢锯)，每刻4～5芽清理锯口锯末1次，刻后涂抹普洛马林。萌芽1个月后对中心领导梢附近的竞争梢留2～5芽短截，控制竞争梢。萌芽2个月后，当中心领导干上的侧生新梢长至80 cm左右时，捋梢使其呈下垂状态；对中心领导梢萌发的二次梢(枝)进行捋枝使其呈下垂状态。对中心领导干上的侧生新梢捋枝至下垂状态后，新梢前部会自然上翘生长，萌芽3个月后对侧生新梢的上翘生长部分进行拧梢，每梢拧2～3次，分段进行，使新梢上翘部分呈下垂状态，控制冠径，保持枝条充实。

第3年，侧生枝促花芽，中心领导枝继续抽生侧生枝。早春芽萌动时，对中心领导枝每隔5～7 cm进行刻芽并涂抹普洛马林，对“刻芽+涂药”后萌发的侧生新梢的整形、管理同上一年。对中心领导干上缺枝的地方，在叶丛短枝上方进行刻芽促发侧生枝。对上一年中心领导干上萌发的侧生枝甩放，促其形成大量的叶丛花枝；对个别角度较小的侧生枝，拉枝开张其角度，使其呈下垂状态。对于美早、红灯等生长势强旺品种的侧生枝背上芽，在芽萌动时进行芽后刻芽，促其形成叶丛花枝。萌芽 1 个月后，对侧生枝背上萌发的新梢进行扭梢控制，或留 5～7 片大叶摘心，促其形成腋花芽。摘心控制侧生枝延长头周围的多叉头新梢，使侧生枝单轴延伸。留用侧生枝弓弯处的背上萌发的新梢，培养未来的更新枝。

第 4 年，控树高、控背上、控侧生。早春，在树体上部有分枝处落头开心，保持树高 2.8 m 左右；在规定树高位置无分枝的，可任其生长 1 年，下一年落头开心。对侧生枝（骨干枝）背上萌发的新梢及延长头上的侧生新梢，根据空间大小，或及早疏除，或及早扭梢，或留 5～7 片大叶摘心控制，保持骨干枝前部单轴延伸。

3. 直立丛状形

(1)树体结构特点。树高 2.5 m，行距 4～5.5 m，株距 1.8～2.5 m，全树有 15～25 个主枝，无中干，全部直立生长，无永久枝。

(2)整形修剪要点。栽植后 60 cm 左右定干，干下面要有 3～4 个芽。保证水肥供应。初夏，新梢长到 60 cm 左右时，留 10～15 cm 进行短截。短截长度依据新梢的强弱而定，旺盛的新梢短截得重一点。如果第 1 年长势较弱，夏天可以不剪，留待冬剪。

第 2 年，新梢长到 60 cm 左右后再回缩到 10～15 cm，这样，全树大概有 20～25 个主枝。半矮化砧木的树不用再短截；如果是乔化砧木，为控制生长、缓和树势，再短截 1 次，全树可有 30 个主枝。

树的主体结构形成后，疏剪树体中心部位的枝条，以利于通风透光。半矮化砧木的树保留主枝 15 个左右，乔化树保留 25 个左右。

结果期修剪：冬天，轻短截所有新梢，剪掉 1/3 左右。回缩 2～4 个大的结果枝到 15～20 cm。采收后，疏除枝条上的侧枝（外围生长的除外）。

4. UFO 树形

(1)树体结构特点。UFO 树形（图 6-1）适合甜樱桃矮砧密植栽培，树体结

图 6-1　UFO 树形

构级次少。主枝直立生长，数量为 6～12 个，呈篱壁式着生在拉平的中干上，间距为 15～20 cm，成形后树高 2.8～3 m，整个树形呈"一面墙"式结构。UFO 树形适合在矮化砧木上应用，适宜行距为 3～3.5 m，采用吉塞拉 5 号砧木的适宜株距为 1.5～1.8 m，采用吉塞拉 6 号砧木的适宜株距为 1.8～2.4 m。

(2)整形修剪要点。第 1 年，选择无侧生分枝、高度稍大于株距的苗木进行定植，顺行向斜栽，主干与地面的夹角为 45°～60°，不定干。顺行向立支架，拉 2 道水平铁丝，高度分别为 50～55 cm 和 150～155 cm。当苗木上部芽抽生新梢后将中干绑缚在第 1 道铁丝上，去除背下芽和侧芽，选留背上芽作为主枝进行培养，芽间距以 15～20 cm 为宜。当选留新梢长至 100 cm 左右时将其绑缚在第 2 道铁丝上，保证枝条直立生长(图 6-2)。定植当年中干和部分主枝基部即有少量花芽形成。为使树体营养生长健壮，不建议过早形成产量，可将花芽疏除。

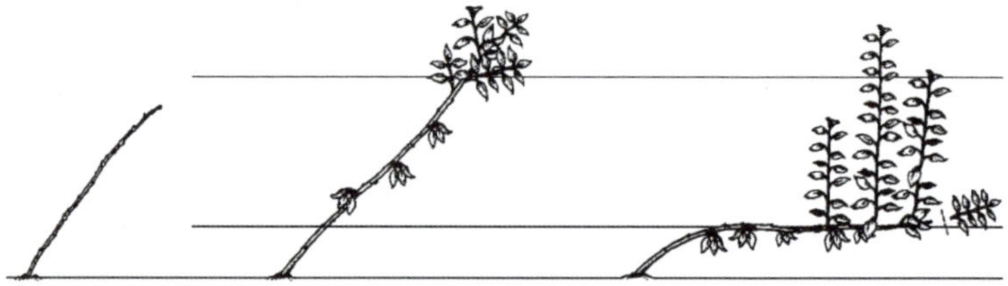

图 6-2　定植当年

第 2 年，整形修剪目的是构建树形，培养主枝和结果枝(图 6-3)。春季萌芽前对直立生长的主枝不进行落头处理，去除其上所有侧生分枝，对中干靠近主干部分的背上芽涂抹发枝素或刻芽促进萌发，培养主枝；生长季进行绑缚、摘心，控制旺长，适时进行控水、控肥，控制树势，促进成花。第 2 年主枝基部可形成大量花芽，转变为成结果枝。

图 6-3　定植后第 2 年

第 3 年，进一步培养主枝和结果枝组，促进花芽形成。生长季对主枝进行摘心，控制顶端优势。第 3 年主枝下部可形成大量花芽，产量达到 6 000～11 250 kg/hm^2。采果后去除病虫枝、衰弱枝，休眠期继续对主枝进行甩放，疏除其上的侧生分枝。对过旺的主枝基部留 1 个芽疏除，翌年便可发育成新的主枝，长度约 100 cm 时将其绑缚在第 2 道铁丝上。第 3 年末树高 2.8～3 m，树形构建完成。

第 3 年以后，疏除主枝上的侧生分枝，将过长的主枝留 2.2～2.5 m 长度及时回缩，去除衰弱枝、下垂枝、病虫枝。对过旺枝基部留行向的芽进行短截，让其抽生新枝，复壮树势。

保证丰产稳产、更新复壮、延长结果年限，是结果期果树修剪的主要目的。

第三节 花果管理

甜樱桃花果管理的主要内容包括预防花期冷害、促花保果、增大果个、预防裂果，目的是改善和提高果实品质、增加产量，提高经济效益。

一、花芽分化、成花与果实发育

1. 花芽分化

甜樱桃的花芽分化包括生理分化期和形态分化期两个阶段。花束状果枝和短果枝上的花芽在硬核期就开始分化，果实采收后 10 d 左右花芽开始大量分化，整个分化期 40～45 d。叶芽萌动后，长成具有 6～7 片叶簇的新梢，基部腋芽多能分化为花芽，第 2 年结果。摘心处理过的新梢，二次枝基部有时也能分化出花芽，形成一条枝上两段或多段成花的现象。

每年 7～8 月是甜樱桃花芽形态分化的关键时期，若营养不良，会影响花芽质量，甚至会出现雌蕊败育花。我国各甜樱桃栽培区这一时期一般是高温多雨季节，但遇高温、干旱的年份，常使花芽发育过度，出现大量双雌蕊花，形成畸形果，影响果实的商品性。

2. 成花特点

了解甜樱桃枝条的成花特点，对于采取合理的技术措施进行甜樱桃管理非常重要。甜樱桃当年生新梢基部 1～5 芽或 1～7 芽容易形成腋花芽，对形成早期产量非常有益。1 年生枝条甩放后，顶端易萌发五叉头式的多个新梢，根据“新梢基部易形成腋花芽”的特点，留 1 个旺梢继续向外延伸，其他新梢采取多次摘心的方式控制生长，促进成花。1 年生枝条甩放后，除背上萌生少数旺梢外，其他芽眼萌生叶丛枝。部分叶丛枝当年能形成花芽，其成花规律是从甩放枝顶端向枝条基部的顺序成花，即枝条中上部(中前端)的叶丛枝易成花，中下部成花难。中下部的叶丛枝生长势弱、叶片数量少、叶面积小，生长几年后，容易死枝(芽)，形成局部光秃带。这一特点提示，在整形修剪时应采取必要的措施防止光秃带的形成。

为了促生旺条、填补空间，可在中干上刻芽。但有个别的成不了长梢，而是形成较好的叶丛枝，当年也能成花。

3. 果实发育特点

甜樱桃果实发育期短，一般为 30～60 d。果实发育过程可划分为 3 个时期：第 1 次果实速长期、硬核和胚发育期、第 2 次果实速长期(果实迅速膨大期)。

第 1 次果实速长期：从谢花后开始至硬核前，约需 10～15 d，品种间存在差异。主要特点是子房细胞分裂旺盛，果柄维管束发育完善。此期结束时，果核生长至果实成熟时大小，呈白色，未木质化，胚乳也迅速发育。此期果实的生长表现为纵径增长量大于横径增长量，形成的果实质量占采收时果实质量的 10%～25%。

硬核和胚发育期：约需 8～20 d。主要特点是果实纵径、横径增长缓慢，果核由白色逐渐木质化为褐色并硬化，胚乳逐渐被胚的发育吸收消耗。此期果实质量的实际增长量占采收时果实质量的 10%以下。此期要保证水分的平稳供应，干旱、水涝均易引起大量幼果黄落。此期的长短是决定果实成熟早晚的关键，早、中、晚熟品种的果实发育期长短主要由此期的长短决定。即使是同一品种，不同年份间果实发育期的长短也不同。

第 2 次果实速长期：从硬核后至果实成熟，大约 3 周时间，若以果实变为紫红色为标准则需要更长的时间。主要特点是果实迅速膨大，横径增长量大于纵径增长量，果实的增长量占采收时果实质量的 70%～90%。充足的水肥供应、较冷凉的气候条件，可使果实充分膨大。此期若气温高(25℃左右)，会减少果实的膨大量，并能使果实提早成熟。果实转白至完全着色成熟期间，膨大尤为明显，此时如遇大雨或灌大水，极易引起裂果。所以，此期既要保证充足的水分供应，又要保持土壤湿度相对稳定，增施速效肥可以增大果个。

二、促花保果

1. 增强树势

除了加强土肥水管理，尤其是增施有机肥外，还需要采取一些其他措施来增强树势。

(1)适时开张新梢角度。待新梢长到所需长度后，应及时将新梢角度开张到80°～90°。结合平衡树体开角，强旺梢早开，中弱梢晚开。保持枝条充实、芽眼饱满，以贮藏更多的养分，为翌年形成更多的优质叶丛枝打下良好的基础。一般枝条在8～9月新梢接近停长时进行拉枝开角。由于大粗枝开角难度较大，可于早春时节在大粗枝下部适当位置锯割2～3个楔形口，然后采取铁丝牵拉的方式，将楔形口对死后固定好铁丝。

(2)新梢摘心。对甩放枝条梢端萌发的五叉头新梢及背上新梢，留7片叶，以上摘心，促使下部形成腋花芽。要注意，摘心太矮或太短时，下部芽可能全部形成腋花芽，冬剪时一般在摘心部位短截，第2年结果后易形成死橛。因此，要根据结果后是否去留此枝，选择摘心长短。对于中心干上萌发的新梢，根据培养主枝或结果母枝的需求，对多余的新梢可采取多次摘心的方式，促其成花，提早结果。

(3)适时喷植物生长调节剂。现代甜樱桃丰产栽培，前期措施是促使树体快速成形，后期一般都采取喷植物生长调节剂来控制旺长，以促进成花、提早丰产。通常在第3年的5～6月叶面喷促控剂PBO 180～200倍液1～2次，是否喷第2次，应视喷第1次后的抑制效果而定。

2. 花期防霜冻

(1)灌水。在甜樱桃开花期间和幼果发育初期，要密切注意天气预报，霜冻出现前果园要充分灌水，以维持园内的温度，减轻霜害。

(2)熏烟。在樱桃园内不同地方放几个大铁桶，桶内装锯末、麦草等材料，霜冻出现前点燃桶内材料生烟，可以减轻霜冻的危害。

(3)推迟开花期，避开晚霜。早春果园灌井水可以降低地温，从而推迟花期3～5 d。另外，早春果园覆20 cm厚的稻草、麦秸或铡碎的秸秆等，用水浇湿后压一层薄土，可推迟花期4～6 d。

(4)架设防霜冻设施。花期经常受霜冻的果园，可以架设简易的大棚骨架，霜冻出现前拉上蓬布防霜冻。此法在下雨时也可防裂果。

3. 提高坐果率

生产中常采取以下措施来提高甜樱桃的坐果率。

(1)合理配植授粉树。根据授粉品种配植原则选定的授粉品种，要足量、合理地配植。一般主栽品种占70%，授粉品种占30%。对于小面积园片，可选择3～4个品种混栽；大面积园片应栽植多个品种，按成熟期的不同安排适当的栽培比例，主栽品种和授粉品种分别成行栽植，以便于采收季节分批采收。

(2)加强栽培管理，控冠促花。加强土肥水管理，多施有机肥，适时追施化肥和微量元素肥，尽可能地使树体贮藏充足的有机营养。通过甩枝、短截、刻芽、摘心等措施控制营养生长，促进成花。特别是4～5年生的强旺树应控冠促花，适时喷布新梢抑制剂，拉枝开角，做好病虫害防控工作，尤其是叶部病害的防控，盛花期喷钼酸钠或硼砂等，疏花疏果，这些措施均可提高坐果率。

(3)花期放蜂及人工辅助授粉。花期放蜂能显著提高坐果率，一般花期放蜜蜂的放置密度为3箱/hm^2或3 000～5 250头/hm^2。放蜂以壁蜂较好，壁蜂的起始访花温度低，每天工作时间长。如气温在15℃以下以及遇风速过大等不良气象条件时，蜂很少活动，园内放蜂授粉的效果不佳，此时应进行人工辅助授粉。

三、花果管理

1. 疏花疏果，合理负载

控制甜樱桃产量在15～22.5 t/hm^2，管理比较容易，果实也比较大。当产量超过22.5 t/hm^2时，需要蜜蜂授粉。蜜蜂访花速度快，在甜樱桃授粉中应用广泛。在开花前2 d，将蜂箱搬到樱桃园里，让蜜蜂提前适应周围环境，以便开花时及时授粉。在花期遇阴雨天气，产量在37.5 t/hm^2时会使果个偏小，影响果实价格。因此，将树体的负载量控制在合理范围也是重要的果园管理。谈到控制树体负载量时，人们自然会想到疏花疏果，但樱桃树花多、果多且果实发育期短，大面积生产中的疏花疏果难度很大，目前也没有有效的化学疏花疏果方法。比较粗放的管理方法是通过控制结果母枝的数量，再辅以适当的人工疏果。

如果采用纺锤形树形、3m×4m的株行距，保持结果母枝的数量在25～30个/株，产量保持在20～25 kg/株，按结果母枝1.0～1.5 kg/枝估算，则结果母枝的果实负载密度为0.5～0.75 kg/m，可辅助人工疏果来控制。多余的结果母枝用于逐年或来年更新。

花期易遇低温危害的地区不宜疏花，可改为疏花蕾，以保证坐果量。以大蕾期疏花蕾为宜，疏除弱枝、过密枝、畸形枝上的花蕾及较少的晚开放花蕾。

2. 果实增大

以下措施可增加果实大小。

(1)增加树体的营养贮藏，促生优质花芽。结果树每年秋季施足基肥，增加土壤的有机质含量，改善土壤的透气状况。通过拉枝开角和摘心等措施缓和枝条长势，使营养生长向生殖生长转化。防控病虫，保护叶片，防止早期落叶，提高树体的营养贮藏水平。

(2)控制负载，保持树体健壮生长。通过修剪进行疏花疏果，能显著增加果实大小；保持外围延长新梢当年的生长量在 40 cm 左右，防止过多施用生长抑制剂造成树体不抽条、树势早衰。

(3)花期追肥，促进幼果生长。花期喷 1 次 9 mg/L 的 GA_3，促进幼果生长；谢花后至采收前，叶面喷施 3～4 次泰宝 800 倍液、氨基酸复合微肥或其他叶面微肥。果实发育期追施 2～3 次速效肥。硅肥有利于果实的硬度和光洁度，在发芽前根施深海源硅，在硬核期喷施液体硅肥 1～2 次。

(4)保持果实发育期水分的充足供应。特别是要保证第 2 次果实迅速膨大期的水分平稳供应，可结合灌水撒施碳酸氢铵。

3. 增加果实可溶性固形物含量

提高甜樱桃果实可溶性固形物含量非常重要，尤其是在甜樱桃种植面积逐渐扩大、产量大幅提高的情况下，增加果实可溶性固形物含量对于提高果实品质特别重要。

(1)首先是要选择美早、萨米脱、黑珍珠、福星、明珠等果个大、品质佳的优良品种；其次是要多施饼肥及豆粕等有机肥，增施硅钾肥，可大幅度地提高果实的可溶性固形物含量；再就是要控制产量在 15～22.5 t/hm^2 的范围内，不要让树体结果过多。

(2)初花期至果实采收前，每隔 7～10 d 喷 1 次泰宝(腐殖酸叶面微肥)800 倍液或氨基酸钾。果实采前 3 周喷 1 次 18 mg/L 的 GA_3，可极显著地提高果实的可溶性固形物含量。

(3)适当晚采或达到果实固有的成熟度时采收，紫红色品种不要在鲜红色时采收。选择纺锤形或圆柱形的树体结构，实现枝枝见光，提高树体的光合能力，可增加果实可溶性固形物的含量。采取拉枝开角、摘心、喷化学促控剂 PBO 等措施，控制新梢旺长。

4. 提高果实硬度，增加耐贮运性

以下措施均可提高果实的硬度，增加果实的耐贮运性。

(1)选择硬肉型品种。目前果肉较硬的品种有美早、早大果、斯帕克里、先锋、宾库、胜利、友谊等。

(2)谢花后至采收前叶面喷洒 4 次氨基酸钙 200 倍液。

(3)采前 3 周喷 1 次 18 mg/L 的 GA_3，可极显著地增加果实的硬度。

5. 预防和减轻裂果

甜樱桃裂果主要发生在果实第 2 次迅速生长期至成熟间。此期若土壤湿度不稳定，比如久旱后遇雨或突然大水灌溉，由于果皮和果肉的吸水膨胀率不一致，就可能造成果皮破裂。果皮破裂的位置，不同年份有所不同，有时在梗洼处形成圆形裂纹，有时在果顶处裂成一条短口，有时在果面上形成不规则的几条裂缝。

一、土壤管理

土壤是果树赖以生存的基础，肥沃的沙质壤土、壤质沙土和砾质壤土适合甜樱桃生长。甜樱桃为浅根系果树，即使选择根系强旺的砧木，也不会像苹果、梨的根系那样能扎入土壤深处。甜樱桃的根系呼吸强度大、需要氧气多，要求土壤疏松、透气性要好。

1. 土壤改良

目前多数甜樱桃园土壤的有机质含量较低，多在1%左右。随着甜樱桃栽培面积的迅速扩大，在沙滩地、山岭地等不太适宜的土壤建园的也越来越多，这些土壤须进行严格改良。

(1)山丘瘠薄地。山丘瘠薄地土壤的透气性较好，但干旱瘠薄，水土流失严重，保水保肥能力差，常因缺肥缺水使树体生长迟缓，叶片小、黄、质脆，生产能力差，经常发生缺素症(如缺锌、缺硼等)。应大量增施有机肥，以提高土壤肥力水平和保水保肥能力。栽前应进行整修梯田等水土保持工程，并采取深翻改土、加厚土层等措施。要注意矫正缺素症。

(2)沙滩地。沙滩地的透气性好，养分分解速度快，种植的樱桃树根系发达，但土壤瘠薄，漏水漏肥，肥水供应不稳定，树势易衰弱。肥水大量供应时，因根系发达、透气性好，容易引起短期旺长，如6月以后大量自然降雨可引起秋梢旺长。而且正因为根量大，水分养分耗竭快，加上易渗漏，雨季过后水分、养分极易缺乏，常导致秋季叶片早衰。另外，冲积土平原沙滩地的地下部常存在黏板层和地下水位过高的问题。应大量增施有机肥并掺黏土，提高保肥、保水及供肥、供水能力。注意打破黏板层，降低地下水位，在定植沟下部埋草改良土壤。

(3)黏土地。黏土地土壤的保水保肥力强，但通气透水性差，根系分根少、密度小，雨季易积水，引起秋梢旺长和新梢中、下部叶早落。应深翻土地增施有机肥，掺沙或砾石改善土壤的透气性。栽前要挖排水沟。

(4)盐碱地。甜樱桃对土壤的酸碱度有一定的要求，pH值为6.0～7.5的土壤最适宜甜樱桃树生长。土壤pH值超过7.8时需要进行土壤改良。沿海地区的气候较适宜甜樱桃树生长发育，但土壤往往存在不同程度的盐碱化，有效的改良方法是：在定植前挖沟，沟内铺20～30 cm厚的作物秸秆，形成一个隔离缓冲带，防止盐分上升；大量施用有机肥可以有效降低土壤的pH值；用硫酸钾作钾肥，用硫酸铵作氮肥；勤中耕松土，切断毛细管，减少土壤水分的蒸发，从而减少盐分在表土的积聚；采用地面覆草、地膜覆盖、种植绿肥等措施，均可有效改良盐碱土壤。

2. 果园深翻

甜樱桃园深翻的好处，一是可以保持土壤疏松透气，改善土壤的透水性和保水性，有利于根系生长和土壤微生物的活动；二是结合秋施基肥深翻，可以增加土壤厚度，保持施肥均匀；三是深翻时可以适当断根，起到增生深根的作用。

提倡秋季(9月)深翻，此时正值发根高峰，切断的根容易愈合。结合深翻撒施土杂肥或埋入作物秸秆等，以全面提高土壤的有机质含量。深翻的深度以不伤及大根为限，直径1 cm以上的根切断后伤口不易愈合，大的伤口也易感染根癌病。靠近树干基部的地方深翻要浅一些，越往外可以越深。

3. 中耕松土

小面积甜樱桃园的土壤多采用清耕制。甜樱桃树对水分比较敏感，既怕干又怕涝，还要求土壤保持较好的通透性。在干旱年份和苗木定植当年，需要多次浇水。浇水后一定要中耕松土，以保持土壤的透气性。中耕松土可以切断土壤的毛细管，保蓄水分；可以消灭杂草，减少其对水分的消耗。中耕深度一般为5～10 cm。中耕次数视灌水和降雨情况而定。

4. 地面覆盖

果园地面覆盖主要有地面覆草和地膜覆盖。

(1)地面覆草。果园覆草有利于保持水土，减少土壤和养分的流失；有利于提高土壤的团粒化程度，改善根际环境，提高土壤肥力，改善和稳定土壤水分状况，减轻裂果。

覆草宜在麦收后进行，可用材料有麦糠、麦秧、铡碎的稻草、秫秸等。覆草宜在树盘内进行，覆草前结合土壤灌水、中耕，将覆盖物平铺在地面上，厚10～20 cm，其上撒一层厚约1 cm的土来防风、防火。秋季深翻果园时，将覆草翻入土中。

(2)地膜覆盖。山地、水浇条件较差的樱桃园常采用地膜覆盖。覆膜前先整好树盘，灌水后覆盖厚度为0.07 mm的聚乙烯薄膜于树盘上，四周用土压实。一般沿行间覆膜，以树体基部为界，两面各覆一层。1年后薄膜会老化破裂，需更换新膜。

5. 果园生草

虽然甜樱桃园管理省工，但面积大的果园每年的中耕除草也是一项大的作业。大面积樱桃园的土壤管理提倡全园生草加微喷的模式，即生草模式。

生草模式要求在树盘外的区域全园种草，树盘清耕或覆草。根据甜樱桃的特点，生草应选用矮小的草种，如白花三叶草。由于草的生长发育要消耗大量水分，因此，生草制果园必须具备灌溉条件，在草及甜樱桃树生长发育的关键时期能及时补肥、浇水。应及时割草，并将其覆于树盘，割后保留

10 cm高。长期生草后易使土壤板结、透气不良，草根大量集中于表层土会争夺养分和水分，使果树表层根发育不良，因此，7～8 年后宜翻耕休闲 1 次。小面积的樱桃园，一般不提倡果园生草。

二、施肥

甜樱桃树的萌芽展叶、开花坐果、果实发育、新梢速长期都集中在生长季节的前半期，即 4～6 月。而花芽分化则集中在果实发育至采收后的一个短时期内。越冬以前树体营养状况的好坏，直接影响开花、坐果及树体发育。所以，萌芽至采收前的追肥很重要。花芽分化前 1 个月适当追施氮肥，能够促进花芽分化和花芽发育。秋施的基肥应尽可能在当年发挥肥效，对增加树体营养贮备至关重要。甜樱桃对氮、钾的需求量较多且数量相近，对磷的需求量相对要低得多。氮、磷、钾肥的施用比例，应根据土壤养分的实际测定情况来确定。

施肥应以有机肥为主、化肥为辅，以保持土壤肥力和土壤微生物的活性。提倡根据土壤分析和叶分析结果进行配方施肥和平衡施肥。所施的肥料不应对果园环境和果实品质产生不良影响。

1. 幼树施肥

为了使苗木定植后树体生长健旺、生长季节有后劲，幼树栽前可施土杂肥、不施无机肥，株施 4 kg，与土拌匀作底肥，然后覆一层表土再定植苗木；或定植前全园撒施腐熟的鸡粪或土杂粪 75 t/hm^2，深翻后再定植苗木。5 月以后要结合灌水追施速效肥，少施勤施，防止肥料烧根。为促进枝条快速生长不能只追氮肥，尽管甜樱桃对磷的需求量远低于氮和钾，但适量补充磷肥有利于枝条充实健壮。一般用“磷酸二铵＋尿素”来追肥，每次的用量为 0.15～0.2 kg/株。

2. 结果树施肥

9 月施基肥，以有机肥为主，配合适量化肥，具体施用量是“土杂粪 75 t/hm^2＋复合肥 1.5 t/hm^2”，撒施后再深翻。秋施基肥要足量，但千万不要过量施用化肥，否则容易引起烧根、死树。

盛花末期追施氮肥，株施碳铵 1.5～2 kg，结合浇水撒施。

硬核后的果实迅速膨大期至采收前，结合灌水株撒施碳铵 0.5 kg，撒施 2 次。

采果后，采用放射状沟沟施人粪尿 30 kg/株或甜樱桃专用肥 5 kg/株或复合肥 1.5～2 kg/株。在土壤不是特别干旱的条件下要干施，即施后不浇水。

从初花到果实采收前，叶面喷施泰宝 800 倍液 3 次，间隔时间 7～10 d，早中熟品种 7 d、晚熟品种 10 d。

三、灌溉

甜樱桃适宜在年降水量 600～800 mm 的地区生长。甜樱桃根系分布浅，大部分根系集中在地面下 20～40 cm 处的范围内，根系分布的深浅主要取决于砧木的种类、土壤的透气性等。甜樱桃的根系呼吸强度大，要求土壤通透性好，这一特点决定了甜樱桃根系总体上分布较浅。与其他落叶果树相比，甜樱桃的叶面积大、蒸腾作用大，在干热的时候，果实中的水分会经叶片大量损失，这也是山地无灌溉条件的果园干旱时果个小、易皱皮的原因。甜樱桃幼果发育期土壤干旱时会引起旱黄落果；果实迅速膨大期至采收前久旱遇雨或灌水，易出现不同程度的裂果现象。在土壤不十分干旱的条件下，刚定植的甜樱桃苗就易死亡；涝雨季节，果园积水会伤根，引起树体流胶，甚至死枝、死树。当土壤含水量下降到 10％时，地上部分停止生长；当土壤含水量下降到 7％时，叶片发生萎蔫现象；在果实发育的硬核期，土壤含水量下降到 11％～12％时，会造成严重落果。因此，甜樱桃园要同时具备良好的灌溉条件和排水条件。

鉴于甜樱桃对水分和土壤通透性的要求较为严格，灌水应本着“少量多次、平稳供应”的原则进行。既要防止大水漫灌导致土壤通气状况急剧恶化，又要防止土壤过度干旱导致根系功能下降，尤其在果实迅速膨大期至采收前，既要灌水，又要防止土壤过湿，以免引起裂果。

1. 灌溉方法

果园灌溉的方法很多，甜樱桃园常用的有下述 3 种。

(1)漫灌。行间大水漫灌是甜樱桃园最常见的灌溉法。漫灌影响土壤的通透性，进而影响根系呼吸，影响根系及树体的生长。因此，可在行间修灌水沟，将挖沟的土垫在树盘处，使株间的土高于行间，这样做还有助于防止树体倒伏。这样，灌溉水在行间，水逐渐渗到根颈周围，从而减少对土壤通透性的影响，也能减轻果实迅速膨大期至采收前遇旱灌水引起的裂果。

(2)微喷。微喷是集约化栽培果园常用的灌溉方法。将特制耐老化的塑料管埋入果园地面下，每株树盘安装一个高约 30 cm 的喷头，需要浇水时打开进水开关进行喷水。喷头的质量影响系统的使用寿命及水的雾化、喷射效果。微喷喷水均匀且节水，还可保持土壤疏松，维持土壤的团粒结构和土壤肥力，调节小气候，减轻低温、干热危害；在晚霜来临之前，采取喷 2 min、停 2 min的间歇作业法，有利于延迟樱桃开花，从而避免霜冻。

(3)带状喷灌。带状喷灌与微喷有些相似，微喷的管道埋在地下，带状喷灌是将水带放在地面上，可随时收起、随时铺放。水带上有不同高度的出水眼，将水带管头接在出水口上，即可进行喷灌。带状喷灌比微喷投资少，并且可随时收存。

2. 灌溉时间

对于微喷和带状喷灌，可根据土壤墒情和气候随时灌溉。对于漫灌，可分为花前水、花后水、采前水及秋施肥水等。

花前灌水，因气温低，灌水后易降低地温，导致开花不整齐，影响坐果。所以，除非土壤十分干旱，花前尽量不灌水。若需灌水，灌水量宜小，最好用地面水或经日晒增温后的井水。谢花后至果实采收前被称为需水临界期，因为坐果、果实膨大、新梢生长都在这段时间，是甜樱桃对水分最敏感的时期。通常，谢花后要灌水，硬核期不灌水，果实迅速膨大期至采收前根据降水情况灌水 1～2 次，正常年份灌水 2 次。9 月秋施基肥后灌 1 次透水。秋旱年份应多灌 1 次水。10 月底浇封冻水。因甜樱桃根系浅、休眠早，要比其他果树提前浇封冻水，否则，因冬季土壤的水分蒸发量小，灌水后会影响根系呼吸。

结果树在开花、坐果、旱黄落果、硬核、果实膨大各生长发育阶段对水分的要求不同，灌溉的要求有差异。采果后的短期内正值花芽分化期，要控水。

刚定植的苗木，及时补充水分非常重要。地面下根际周围的土壤，若手握不成团，就容易“吊干死”苗木，这也是甜樱桃苗木栽植成活率低的一个主要原因。有经验的果农称苗木定植后要浇“黄瓜”水，即见地皮干就浇水，水后划锄，过 3～5 d 再浇水，最好第 1 年浇水 11～12 次，保证苗木成活及促进枝条快速生长。第 2 年浇水 5～6 次。对于幼旺树，后期要控水，以免植株旺长，影响成花，防止越冬“抽条”。

参考文献

[1]魏国芹，孙玉刚，秦志华，等．甜樱桃裂果机理及防治技术研究进展[J]．山东农业科学，2011(7)：59-63.

[2]魏海蓉，朱志兰，王甲威，等．甜樱桃高架大棚高产高效栽培技术[J]．落叶果树，2011，43(6)：44-46.

[3]魏国芹，苏胜茂，孙玉刚，等．甜樱桃高密栽培适用的直立主枝树形[J]．落叶果树，2012，44(1)：35-37.

[4]郑玮，潘凤荣．甜樱桃采收后的管理技术[J]．落叶果树，2012，44(6)：60-61.

[5]孙玉刚，高东升．甜樱桃优质高效栽培技术[J]．农业知识，2013(2)：16.

[6]刘美英，张福兴，孙庆田，等．甜樱桃细长纺锤形标准化树体结构与修剪技术[J]．中国果树，2013(2)：48-49.
[7]张福兴，刘美英，孙庆田，等．自由纺锤形树的甜樱桃标准树体结构及整形修剪技术[J]．落叶果树，2013，45(2)：30-31.
[8]冯瑛，蔡宇良，张雪，等．甜樱桃“V”字形栽培模式幼树整形修剪技术研究[J]．北方园艺，2013(8)：33-36.
[9]张福兴，孙庆田，姜学玲，等．论甜樱桃优质果品生产[J]．烟台果树，2013(4)：3-5.
[10]何绪生，耶卓越，蔡宇良．防止大樱桃裂果综合技术措施[J]．西北园艺(果树)，2013(6)：4-5.
[11]李延菊，孙庆田，张序，等．甜樱桃防霜避雨设施栽培技术[J]．落叶果树，2014，46(1)：42-44.
[12]闫国华，张开春，张晓明，等．北京市甜樱桃品种雨后裂果调查[J]．中国果树，2014(2)：77-79，86.
[13]魏国芹，孙玉刚，孙杨，等．甜樱桃果实发育过程中糖酸含量的变化[J]．果树学报，2014，31(S1)：103-109.
[14]李延菊，孙庆田，张序，等．避雨栽培对大樱桃园生态因子及生理特性的影响[J]．果树学报，2014，31(S1)：90-97.
[15]李延菊，张序，孙庆田，等．避雨设施栽培对大樱桃生态环境及生理特性的影响[J]．山东农业科学，2014，46(4)：43-47.
[16]姜学玲，张福兴，孙庆田，等．优质丰产甜樱桃叶片养分调查研究[J]．果树学报，2014，31(4)：624-631.
[17]赵庆明，黄贞光，李明，等．欧洲甜樱桃在云南鲁甸县的引种试验初报[J]．中国南方果树，2014，43(6)：114-115.
[18]李芳东，张序，田长平，等．“美早”甜樱桃优质高效树体结构研究[J]．山东农业科学，2015，47(11)：40-43.
[19]张福兴，宋世志，李美玲，等．甜樱桃乔砧密植栽培的理论与技术[J]．烟台果树，2016(2)：7-9.
[20]李明，刘聪利，李玉红．适宜暖温带地区甜樱桃的整形模式——直立中央领导干树形[J]．果农之友，2016(9)：27-29.
[21]付全娟，魏国芹，杨兴华，等．甜樱桃花芽与枝条冻害调查分析[J]．北方园艺，2017(1)：36-39.
[22]付全娟，魏国芹，杨兴华，等．低温对甜樱桃花期的影响[J]．北方园艺，2017(2)：179-183.
[23]王宝刚，李文生，侯玉茹，等．甜樱桃果实成熟过程中糖累积与品质形成研究[J]．果树学报，2017，34(5)：576-583.
[24]李芳东，王玉霞，张序，等．自然生草对甜樱桃果园土壤及其冠层温湿度的影响[J]．北方园艺，2017(9)：38-41.
[25]吕杰玲，闫顺杰，刘晓静，等．福山区大樱桃科技研发中心栽培技术试验区的三种树形[J]．果农之友，2017(6)：11-12.
[26]张序，李延菊，张福兴，等．大樱桃授粉树如何科学配置[J]．北方果树，2017(6)：37.

[27]王玉霞，李芳东，张福兴，等．丘陵山地甜樱桃园简易肥水一体化灌溉系统及应用效果[J]．烟台果树，2018(1)：32-33.
[28]李美玲，张福兴，李芳东，等．多措并举助推烟台大樱桃高效发展[J]．烟台果树，2018(1)：40-42.
[29]高华君，孙山．甜樱桃高纺锤形树形培养存在问题及对策[J]．北方园艺，2018(1)：195-198.
[30]魏海蓉，谭钺，朱东姿，等．起垄栽培对甜樱桃生长及流胶病发生的影响[J]．落叶果树，2018，50(2)：14-15.
[31]王瑞金，康晓瑜，秦志昌，等．甜樱桃的主要特性与栽培技术[J]．落叶果树，2018，50(2)：56-58.
[32]李芳东，王玉霞，康立权，等．采收时期对美早大樱桃果实品质的影响[J]．烟台果树，2018(2)：9-11.
[33]王文平，戴桂林，王燕平，等．国内外甜樱桃树形及修剪方法概况[J]．山西果树，2018(5)：14-16.
[34]张序，李延菊，李芳东，等．甜樱桃花后叶施(15)N－尿素的氮分配特性研究[A]．中国园艺学会2018年学术年会论文摘要集，2018：1.
[35]王波，李国强．日光温室甜樱桃裂果原因及预防措施[J]．河北果树，2018(5)：47-48.
[36]郑玮，潘凤荣．辽宁省甜樱桃育种回顾与展望[J]．北方果树，2019(1)：1-5.
[37]沈颖，王玉霞，李芳东，等．‘美早’大樱桃花果管理技术要点[J]．烟台果树，2019(3)：41-42.
[38]郭玉军，王玉宝．大甜樱桃裂果的原因及预防措施[J]．河北果树，2019(3)：30-31.
[39]沈颖，王玉霞，李芳东，等．不同叶面肥对甜樱桃果实品质的影响研究[J]．中国果菜，2019，39(7)：45-47，61.
[40]蔡宇良，宛甜，梁成林，等．樱桃超细长纺锤形矮化密植栽培技术[J]．落叶果树，2020，52(1)：5-7.
[41]张福兴，刘爱丽，李芳东，等．推动烟台大樱桃产业振兴的几点建议[J]．烟台果树，2020(1)：7-9.
[42]王甲威，朱东姿，洪坡，等．甜樱桃矮化丛枝形整形技术[J]．落叶果树，2020，52(3)：52-53.
[43]王甲威，朱东姿，洪坡，等．鲁樱3号甜樱桃矮化纺锤形整形与肥水管理技术[J]．落叶果树，2020，52(4)：50-51.
[44]张新武．露地大樱桃高效建园的澄城经验(三)栽植注意事项及栽后树形培养[J]．西北园艺(果树)，2020(4)：23-24.
[45]张庆霞，李拴林，呼丽萍．花期冻害对大樱桃结实率的影响调查及防寒措施[J]．现代园艺，2021，44(1)：50-52.
[46]滕保琴，李睿．天水大樱桃优质丰产栽培技术[J]．林业科技通讯，2021(1)：46-48.
[47]裴宝红．我国大樱桃产业提质增效的主要途径[J]．中国果树，2021(2)：111.

第七章　樱桃设施栽培

樱桃的生长发育对气候条件要求比较严格，要求冬无严寒、夏季凉爽，年平均气温在12℃左右。我国樱桃产区经常出现倒春寒现象，使樱桃花蕾及幼果受冻；樱桃成熟期又经常遇雨，引起大量裂果，降低了产量和果实品质。设施栽培的目的，是为果树提供适宜的生长发育环境，提高抵御自然灾害的能力，提高果实的产量和品质。设施栽培使寒冷地区也能够发展樱桃生产，扩大了樱桃的栽培区域，延长了樱桃鲜果的市场供应期。

第一节　樱桃设施栽培的设施类型

设施栽培也叫保护地栽培。甜樱桃设施栽培的主要类型有避雨设施栽培、日光温室促成栽培、塑料大棚促成栽培及防鸟设施栽培。

一、避雨设施栽培

甜樱桃接近成熟期或成熟期遇雨容易产生裂果。在防裂果措施中，最简单有效的方法是在树冠上方搭建防雨棚。防雨棚仅用于遮雨、防裂果，覆盖时间在接近果实着色期开始，没有促进早熟的作用，但能延迟采收。

生产上有不同形式的防雨棚，如简易的竹木结构单行覆盖防雨棚、全钢大拱结构自动卷帘防雨棚等，其造价、抗风能力、覆盖效果有一定的差异。应根据当地的气候特点（如风力、降雨量等）、樱桃树的树形、栽植密度和经济条件选择、设计防雨棚。下面介绍生产中常用的防雨棚。

1. 立杆篷布简易防雨棚

立杆篷布简易防雨棚（图 7-1）多采用单行覆盖，在每行树的两端设立立柱，立柱间架设钢丝，覆盖物可用防雨绸也可用塑料布。可使用木棍、竹竿、水泥柱等材料作立柱，竹竿、竹片等作拱杆，取材方便、造价低，但抗风能力较弱。由于棚架较低，雨过天晴后棚内温度骤升，易引起日灼。简易防雨棚的成本一般在 4.5 万～7.5 万元/hm^2。

图 7-1　简易防雨棚(赵改荣、王家喜 提供)

2. 伞形防雨棚

伞形防雨棚(图 7-2)顺树行而建，每单元覆盖 1 行树，行与行之间不相连，棚面用透明塑料薄膜覆盖。该类型防雨棚在北京市林业果树研究所有应用。

图 7-2　伞形防雨棚(张开春 提供)

3. 连栋大棚式防雨棚

连栋大棚式防雨棚(图 7-3)顺树行搭建，并且棚与棚相连，组成连栋防雨棚，每个单元覆盖 2 行树。棚面覆盖透明塑料薄膜，棚面与树冠上部枝条之间有 1～2 m 的空间。

图 7-3 连栋大棚式防雨棚(潘凤荣 提供)

目前辽宁大连市仅金州区就建有逾 200 hm^2 的樱桃防雨棚，绝大多数均为类似于这种钢管结构的防雨棚，根据地理位置和栽植密度不同而略有差异。金州区的七顶山常弟山庄樱桃园，樱桃种植面积逾 13 hm^2，品种以中晚熟品种为主，地势属于浅山坡地。常弟山庄樱桃园是大连地区最早搭设樱桃园连栋大棚式防雨棚且获得显著经济效益的果园之一，经过多年的实践和探索，目前应用的这种防雨棚结构合理、结实耐用，且价格适中。

4. 聚乙烯篷布拉帘式避雨棚

搭建聚乙烯篷布拉帘式避雨棚(图 7-4)所使用的主要材料包括圆木、钢绞线、钢丝和聚乙烯篷布。以圆木作为避雨棚的支撑立柱，钢绞线作棚架之间的连接和衬托，聚乙烯篷布(透光率约为 80%)作覆盖物。1 行树建 1 个避雨棚，在树行内每隔 8 m 左右埋 1 根立柱(圆木)，立柱下埋 50 cm 左右，棚高依照树高而定，棚顶离树体保持 0.5～1.0 m 的空间；用钢绞线作立柱之间的连接和衬托，中间立柱拉 1 根钢绞线，两端用地锚固定，中间立柱两边隔 1.6 m左右(栽植行距为 4 m)分别拉 1 根钢丝，高度较中间立柱低 1.0 m 左右，形成一个坡度，防止雨天积水，然后覆盖聚乙烯篷布，聚乙烯篷布中间及两边均有安全扣，直接挂在钢绞线和钢丝上。整个果实生长季将聚乙烯篷布拉开，两端固定好，果实采收后将篷布收起存放。

图 7-4 **聚乙烯篷布拉帘式避雨棚**(张福兴 提供)

聚乙烯篷布拉帘式避雨棚造价低廉(6 万～7.5 万元/hm^2)，结构牢固，操作省工省力。搭建时也可用水泥柱作为避雨棚骨架。一般在开花前覆盖聚乙烯篷布，果实成熟后揭开，既可防霜、又可防裂果。

5. 全钢大拱结构自动卷帘防雨棚

全钢大拱结构自动卷帘防雨棚(图 7-5)装有自动卷帘机，操作省时省力，采用全镀锌钢管，成本约为 52.5 万元/hm^2。这种防雨棚还可起到防霜冻、防鸟害的作用。

图 7-5 **自动卷帘防雨棚**(赵改荣 提供)

二、日光温室促成栽培

设施栽培中，把具有东、西、北三面为立墙，南面为斜面或半拱形的采光面，且覆盖塑料薄膜的温室统称为塑料日光温室。这种温室保温性能好，适于北纬 35°以北地区的甜樱桃促成栽培。

1. 日光温室的性能

(1)光照。日光温室的光源是太阳光，其光照度取决于室外自然光的强度，室内光照度与室外同步变化，强度随地理纬度和天气条件的变化而变化。另外，光照度也取决于塑料薄膜的透光性能。温室内的光照从前往后依次减弱，后坡面室内的光照最弱。温室的东西两侧山墙附近，在午前和午后，由于山墙遮阴，光照强度较弱。在垂直方向上，光照强度从上至下递减。若在薄膜内侧附近相对光照强度只有 80%时，则在距地面 0.5～1 m 高度的相对光照强度只有 60%左右。地面相对光照强度最小。

(2)温度。日光温室的热主要来源于太阳辐射，温室内的温度与光照有直接关系。晴天室内的温度高，夜间和阴天室内的温度较低。日光温室内的最低气温出现在揭帘后不久，刚揭完草帘时，室内气温会略下降，但很快又回升。晴天上午不通风时，室内气温每小时可上升 5～6℃。13：00 左右气温最高，之后逐渐下降，直至覆盖草帘。覆盖草帘后气温又会回升 1～2℃，而后夜间的气温会缓慢下降，一般下降 3～8℃。日光温室内各部位温度的水平分布也有差异，白天南高北低，夜间北高南低。上午靠近东山墙部位的气温较低，西山墙附近的气温较高；下午近西山墙部位的气温较低，东山墙的气温较高。近门部位的气温较低。室内中部的地温最高，前底脚处最低，山墙底根处和近门处较低。

(3)湿度。影响日光温室内湿度的主要因素是土壤水分和棚膜内表面的冰霜。土壤水分主要来源于灌溉，因此，灌水后土壤湿度最大，温室内的湿度也就最大。揭帘后，外界温度低、光照不足时，棚膜结霜或棚内有雾，此时湿度很大。温度低时，由于树体蒸腾量和地面蒸发量较小，相对湿度大于温度高时。夜间湿度大于白天，阴天湿度大于晴天。每天揭开草帘时的空气相对湿度最大，通风后湿度随温度的升高而逐渐下降，至 14：00 以后，随温度的下降又开始升高。日光温室内，白天空气相对湿度多在 20%～60%，夜间多在 80%以上。

2. 日光温室设计

(1)温室方位。温室方位即温室屋脊的走向。温室方位采用坐北朝南(真子午线方向)、东西走向。各地可根据本地情况向东或向西偏 5°左右。冬季气温高的地区，或有加温设备的温室，可向东偏 5°，以充分利用上午的阳光。但在北方寒冷地区的冬季，由于上午气温低，不能过早地揭开草帘，因此要偏西 3°～5°，以延长下午温室内的光照时间。

(2)温室跨度与矢高。温室跨度是指温室南地角距北墙内侧之间的距离。甜樱桃日光温室跨度在 7.5～12 m。矢高是指屋脊距地面的垂直高度，一般为

3～6 m。矢高与跨度比一般为 0.4～0.5，以利于采光和揭、盖草帘。通常跨度越大、矢高越高，温室的保温性能越差，所以不同纬度、不同气候条件的地区应选用不同跨度的温室。

(3)温室长度与面积。一般温室以长度为 80～120 m、面积为 600～1 500 m^2为宜。

(4)温室前、后屋面角。前屋面角是指前屋面与地平面的夹角；后屋面角是指后屋面与地平面的夹角，又称屋面仰角。前、后屋面角度的大小将直接影响温室的采光效果。前屋面角的大小应以有利于温室采光，以及前部樱桃树的生长和方便卷帘作业为前提，以 50°～70°为宜；后屋面角应比冬至太阳高度角大 7°～8°，以 25°～38°为宜，以使温室内充满直射阳光。各地区在应用时，可视具体情况而定。

(5)温室墙体与后坡。温室墙体一般为土墙或砖墙。砖墙材料常见的除黏土砖外，还包括石块、空心砖、灰砂砖、矿渣砖和泡沫混凝土砖等。温室墙体的厚度，因各地的气候条件不同而存在差异。北纬 35°左右地区，墙体厚度以 0.5～0.6 m 为宜；北纬 40°以北地区，墙体厚度以 0.8～1 m 为宜。墙体常砌成空心，内填炉渣、锯末、珍珠岩或苯板等保温材料，以增加保温效果。后墙高度视矢高而定。如矢高为 3 m 左右时，后墙高度为 2～2.5 m；当矢高为 3.5～5 m 时，后墙高度为 2.5～4 m。温室的后坡选用短后坡，目的主要是扩大采光面，提高土地利用率。但在北纬 40°以北地区后坡面不宜太短，因为这种温室白天升温快，夜间降温也快，因此，后坡水平投影宽度应不少于 1.5 m；北纬 40°以南地区可适当减少。

(6)温室覆盖。日光温室的覆盖物主要有棚膜、草帘和棉被等。前屋面上覆盖的塑料薄膜一般称为棚膜，是专门用于温室栽培的塑料薄膜。棚膜的材料有聚乙烯和聚氯乙烯两种。聚乙烯棚膜有聚乙烯无滴长寿膜、聚乙烯多功能膜、聚乙烯无滴调光膜及漫反射膜等。聚氯乙烯棚膜多为聚氯乙烯无滴防雾膜，抗风能力弱，可在无风灾的地区使用。聚乙烯膜抗风能力强，冬春两季风大的地区常用此膜。两种棚膜的厚度一般为 0.09～0.12 mm，风大的地区应选用 0.12 mm 棚膜，风小的地区可选用 0.1～0.11 mm 棚膜。

棚膜外面的覆盖材料是草帘或棉被等。一般草帘宽 1.2～1.5 m，长度根据温室跨度而定，但要比跨度稍长一些，厚度为 5～8 cm，覆盖 2 层。另外，在寒冷地区，草帘下加盖纸被有良好的保温效果。纸被用 4～5 层旧水泥袋纸或牛皮纸缝合而成。棉被一般用废旧化纤制成，厚度为 6～8 cm，覆盖 1 层。

温室后面屋面的覆盖材料以保温性强、压力轻为主。下层用木板、竹帘等，其上覆 2 层苯板后再压 20 cm 厚的草泥或用水泥封面。如果不覆盖苯板，可覆盖草帘、玉米秆、棉被等。如在中间铺 1 层塑料，保温效果会更好。

(7)温室间距。建造日光温室群时，前排温室与后排温室之间的距离以冬至前后不遮光为准，一般前后排温室间距为矢高的2～3倍，左右并排温室间隔为3～5 m。

三、塑料大棚促成栽培

塑料大棚的棚面为全拱形或屋脊形，四周无墙体，棚面覆盖塑料薄膜，有单栋式和连栋式。塑料大棚的土地利用率高，但保温性能差，多在北纬40°以南的地区应用，以北纬35°左右的地区应用最多。

1. 塑料大棚的性能

(1)光照。甜樱桃是喜光性强的果树，与其他落叶果树相比，其光补偿点偏高，大棚内光照强度、光谱成分和光照时间等对樱桃树的生长发育、果实品质及成熟期影响很大。大棚中的光照状况受纬度、季节、天气变化、大棚结构、方位、覆盖材料透光性及管理技术等因素影响。东西走向的大棚，由于南北屋面的透光率差异较大，光照强度的差异明显；南北走向的大棚光照强度差异不大，光照时间在不覆盖时与露地相同。北京市农林科学研究院在8：00～16：00，分6次对覆盖不同薄膜温室大棚的透光率进行测定，结果表明：聚乙烯薄膜为64.6%，聚氯乙烯薄膜为70.2%，丹宁薄膜为74.1%，无滴膜为77%。因此，从透光率方面考虑，应首选无滴膜。

(2)温度。塑料大棚的保温性能不及日光温室。早春晴朗天气的中午，棚内气温比外界高10～15℃，晚上不盖草帘的大棚仅比外界高2～3℃，加盖草帘可提高棚内温度5℃左右，4月棚内气温可比棚外高6～20℃，棚内昼夜温差较大。南北走向的大棚温差小，日照一致，作物生长较整齐。连体大棚因棚内面积、空间较大，气温变化相对稳定。

2. 塑料大棚的设计

(1)方位。建造塑料大棚的地块必须适宜栽培甜樱桃，同日光温室一样，要求光照条件好，无遮阴物且避开风口地带。

塑料大棚的走向是指大棚屋脊的走向，南北走向的大棚光照分布均匀、树体受光好，还有利于保温和抗风。东西向大棚棚内南北两侧的光照差异大，棚内有弱光带，所以最好选南北走向建棚。东西向大棚生产上也有运用，多数是因地块限制才运用。

(2)跨度。塑料大棚的跨度是指单栋大棚的宽度或连栋塑料大棚每拱的宽度。从甜樱桃的生长特性、栽培管理特点和塑料大棚性能等方面考虑，要求尽可能地增加宽度，但具体还是应根据所用建材、棚的高度及地势而定。竹木结构和钢管构件的塑料大棚因建材承重、抗风雪的能力较低，跨度应小些，一般为 8～12 m。全钢架结构的塑料大棚跨度可以在 10～20 m。因大棚的高度有限，跨度过大时棚面弧度减小，其牢固性和承压力降低。

(3)长度。塑料大棚的跨度变化较小，棚内面积主要取决于长度。如果棚内面积过小，会降低土地的有效利用率，棚内昼夜温度的变化也会剧烈；如果棚体过长，管理不方便，且棚内通风不畅，湿、热不易排出。一般大棚长度为 50～100 m。

(4)高度。单体大棚的高度，竹木结构以 3～3.5 m 为宜，连体钢架大棚的高度可达 3.5～4.5 m。大棚的肩高为 1.2～1.5 m。肩部过矮，不利于边行果树的生长和管理；过高，又会降低大棚的矢高与跨度比值。

(5)通风。塑料大棚主要靠通风来调节棚内的温度、湿度和气体成分。多采用 2～3 道扒缝通风，即中缝和两侧边缝。中缝在棚的中部最高位置，边缝在两侧肩部离地面 1～1.2 m 高处。连体自动化管理的塑料大棚，应安装自动或半自动通风装置。

第二节　樱桃设施栽培关键技术

目前樱桃设施栽培的设施类型主要有塑料日光温室和塑料大棚两种。这两种类型主要是以促早熟为目的的栽培设施。除此以外，还有避雨、防鸟等设施栽培，这种类型虽然也属设施栽培范畴，但其目的以防雨、防鸟害等为主。本节重点介绍前两种。

一、建园

1. 园址选择

与其他果树相比，甜樱桃对生态条件的要求较高。甜樱桃不抗寒、不耐瘠薄、抗涝性差、怕干旱、忌大风、花期早易受冻害、喜光性强，因此，应选择在土壤比较肥沃、土层较深厚、中性或微酸性的壤土或沙壤土，地下水位低、排水良好、不积晚霜、风害轻、有灌溉条件、交通便利的地方建园。对地下水位高、黏重土壤及排水不畅的园区，应选择平面台式栽培。

甜樱桃设施栽培成功与否，除了栽培品种、栽培技术起着决定性作用外，栽培设施同样至关重要。栽培设施的结构直接影响其升温的时间、保温效果以及采光的性能，进而影响树体的生长发育和果品的产量、质量。因此，设施类型的选择和建造质量是设施栽培甜樱桃是否成功的关键。由于设施是长久性建筑且投资大，所以，设施类型的选择与建造应从长远考虑，要认真规划和合理选择设施场地。设施建造应遵循以下原则。

（1）立地条件。樱桃园应建在有利于樱桃健壮生长，容易实现早熟、优质、丰产的地方。具体要求是设施场地应背风向阳，东、西、南三面无高大的树木或建筑物遮挡。

（2）土壤要求。应选择在土层比较深厚、土壤疏松肥沃、透气性好、无盐渍化的沙壤土或壤土上建园。对土壤黏重的地块须进行土壤改良。

（3）灌溉与排水。要考虑水源和排灌条件，甜樱桃对土壤水分状况敏感，应选择地下水位低、有灌溉条件且排水良好的地块建园。

（4）交通便捷。要考虑产销地之间的远近和交通运输条件。应选择交通便利的地方，最好在公路干线附近，以利于产品运销。但不宜过分靠近道路，以减少尾气和尘土的污染。还要避免在厂矿附近建园，以防尘埃和有害气体污染。

2. 园地规划

在选定的园区，应对栽植区、排灌系统、作业道路以及积肥场地等进行统一的划分和安排，有效地利用土地，充分发挥各种设施的作用。尤其是在建较大面积的樱桃园、实行规模化经营时，更要做好规划设计。樱桃园的规划主要考虑下述内容。

（1）防风林。在冬、春季北风较大，或夏、秋季台风较多的平地和沙滩地建园时，一定要同步营造防风林，以稳定气流、降低风速、减轻风害，防止树体倒伏。防风林要由乔木和灌木组合，实行“上乔下灌，乔灌结合”。防风林的主林带要与当地主要风害的方向基本垂直。

（2）栽植小区。根据地形地貌和果园面积划分多个栽植小区，以方便生产管理。

（3）道路。根据全园情况设置一至几条大路，主要供运输车辆通行，根据栽植小区设置多条小路和作业道。

（4）排灌系统。灌溉系统包括水源、动力、管道等部分。规模化、集约化经营的樱桃园应采用滴灌、渗灌等现代化灌溉方式，既可节约用水，又可为樱桃树生长创造一个适宜的土壤环境。黏重土壤上建园除进行适当的土壤改良外，还要注意在果园内挖排水沟，排水沟深度应在 50 cm 左右，使其纵横交错。

（5）附属设施。附属设施一般包括房舍、药池、喷药体系、积肥场、选果场、贮藏库等。

二、品种选择

1. 品种选择和配置

在设施中种植甜樱桃，选择品种时除遵循品种选择的一般原则外，要特别重视以下5点：①果实发育期要短，能提早上市。②果实品质要好。③低温需求量要少。④适应性要强，栽培过程中障碍少，易管理。⑤市场销路好，价格高，效益好。而进行避雨、防鸟等防护栽培的樱桃园，其品种的选择与配置与露地栽培相似，防雨栽培不必考虑品种的抗裂果性状。

主栽品种应选择丰产、果实品质好、果个大、抗逆性强等综合性状优良的品种。目前大连、烟台等地的设施栽培甜樱桃品种，主要有红灯、美早、明珠、萨米脱、佳红、早红珠、莫莉、意大利早红、雷尼、拉宾斯等。除拉宾斯、斯坦拉等极少数几个品种可以自花结实外，绝大多数品种均为自花不实或自花结实力很低的品种，必须配植授粉树，以提高结实率。即使可以自花结实的品种，配植授粉树后也可明显提高产量和果实品质。因此，甜樱桃设施栽培首先要确定主栽品种，然后再配以花期相遇、授粉亲和性强、丰产、优质、具有较高经济效益的授粉品种。由于甜樱桃的价格一直比较高，生产上一般不配植纯粹的授粉树，多是几个优良品种混栽互相授粉。只有配植足量的授粉树，才能满足授粉、受精的需要。生产实践证明，授粉品种应配备2个以上，授粉树的搭配比率不能少于30%，且要间隔栽植。

2. 砧木的选择

因设施栽培的空间和高度有限，树冠不能过大。矮化密植可以有效地利用土地与空间，也有利于控制树冠大小，提高前期产量，所以最好用矮化或半矮化砧木。另外，所用砧木还应具备与种植品种嫁接亲和力强、抗病毒或不带病毒病、根系发达、抗逆性强等特点。

3. 苗木的选择与处理

合格的甜樱桃苗必须品种纯正、砧木类型正确，地上部枝条健壮，节间较短且均匀，芽眼饱满，不破皮掉芽，皮色光亮，具本品种的典型色泽。苗木应具有一定的高度和粗度，根系完整，须根发达，不劈、不裂、不干缩失水，断根少；无严重的病虫害和机械损伤，没有水渍沤根的现象；嫁接部位愈合良好。

目前，很多果农在认识上还有误区，认为苗木太大时饱满芽集中在中上部，定干处芽瘪；认为中下部芽饱满的、50～60 cm高的小苗，栽后加大肥水也能长好。事实上，选择粗大、根系发达的优质大苗栽植，虽萌芽稍晚，但缓苗后由于苗大、根好，其萌发长枝多，长势旺。

栽植前一定要核对品种，并将苗木按大小分级，大的栽在一起，小的栽在一起。对于经过越冬假植或外地购入的苗木，栽前先用水浸泡2～5 h。另外，不论是自育的还是购入的苗木，栽植前要用K84(也称根癌灵)调成糊状蘸根。

甜樱桃根系在起苗、贮运过程中会受到不同程度的损伤，且易风干失水，栽植后发新根慢、成活率低。用50～100 mg/L 的IBA溶液浸泡根系6 h再栽植，能显著促进发根，提高成活率。

4. 大树移栽

为了尽早获得收益，可将4～8年生的结果大树直接移栽到设施内，移栽树经过一个生长季的缓苗与培育，第2年即可进行生产，并能取得很好的经济效益。如果用保持根系完整的带土球移栽，则能实现当年移栽、当年结果、当年收益。

大树移栽前，在设施内按预先设定的株行距挖定植沟，沟宽1 m、深0.5 m左右，填入与土混拌的腐熟的农家肥、腐殖土等，回填放水，沉实待用。施农家肥60 t/hm^{2}左右。

选择生长良好的4～8年生樱桃树，于秋季落叶后上冻前或春季萌芽前进行移栽。挖树时，由树冠外围开始，逐渐向内进行，尽量少伤根，避免伤大根。另外，樱桃树的根系很脆，易折断，搬运时要格外小心，保护好根系，随起随栽，栽好后立即灌透水。远途运输时，要将根系蘸泥浆或采取保湿措施运输，以利成活。秋季移栽的树，冬季要注意培土防寒。

三、设施选择

(一)日光温室棚型选择

设施结构的选择，主要依据太阳辐射的强度、光照时间、气候条件及经济实力而定。我国地域辽阔，不同气候地区形成了不同风格的温室类型。“一斜一立式”温室虽然造价低、建造容易，但立柱较多，不但影响光照和作业，而且棚膜也不易压紧，生产中已逐渐被淘汰。下面介绍3种较先进实用的日光温室。

1. 钢架结构拱圆式日光温室

钢架结构拱圆式日光温室(图7-6)是鞍山市园艺研究所设计的一种无柱结构日光温室，跨度6～7 m，矢高2.8～3.2 m。后墙及山墙为砖砌空心墙，内填保温材料，厚12 cm。内墙高2 m左右，外墙(女儿墙)比内墙高出0.6 m。前屋面为钢结构的一体化半圆拱架，拱架由上、下双弦及其内焊接的拉花构成。上弦为直径40～60 mm的钢管，下弦为直径10～12 mm的圆钢，拉花为直径8 mm的圆钢。拱架间距0.8～1 m。拉筋为直径14 mm的圆钢，东西向3～4根，10 m以上跨度的为5根。拉筋焊接在拱架的下弦上，两头焊接在东西山墙的预埋件上。后坡宽1.5～1.8 m，仰角35.5°。其钢拱架的上、下弦延长与后坡斜面宽度相等并下弯，架在后墙的内墙上。从上弦面起向上搭木板或竹片，屋脊与后墙间铺盖作物秸秆和泥土的复合后坡。前屋面钢拱架的下、中、上部三段弧面与地面形成的前屋角分别为60°～40°、40°～30°、30°～20°。

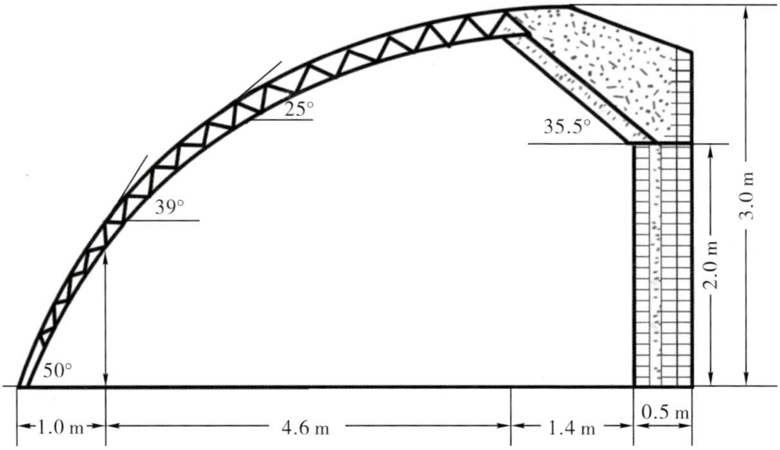

图7-6　钢架结构拱圆式日光温室

目前，生产上应用的甜樱桃日光温室大多选择大跨度和高举架的结构。一般跨度为8～9 m，矢高以3.5～4.5 m为宜。但跨度太大、覆盖物太长，会给管理带来不便。如果是机械化作业的果园，可加大跨度至12 m。例如，普兰店市大农高效示范园区和大庆市龙凤区大农高效生态农业示范园区建造的日光温室(图7-7)，跨度12 m，矢高5.5～6 m，后坡宽2.5～2.8 m，温室长90 m，墙体为混凝土框架结构，墙厚0.5 m。墙体和后屋面内夹双层苯板，厚约8 cm。钢架结构拱圆式日光温室不仅采光、保温性能好，棚膜易压紧、不易被风损坏，而且空间大、无支柱，土地利用率高，作业方便。

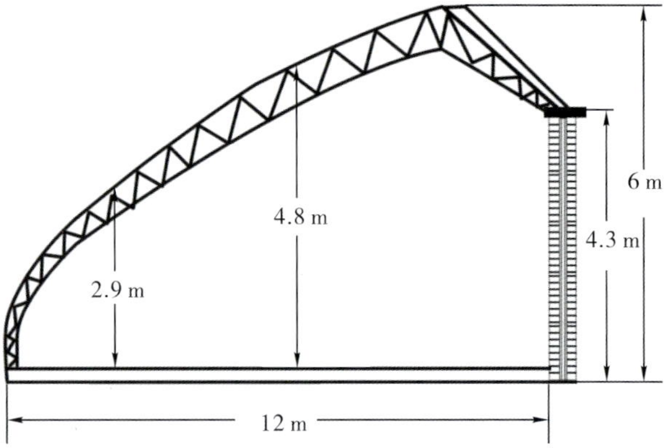

图7-7　大跨度钢架拱圆式日光温室

2. 背连式日光温室

背连式日光温室也称为背棚，即在拱圆式日光温室的背面，利用其后墙体建造一个无后坡的拱圆式新型温室。此结构温室是辽宁省熊岳城地区的果农在生产实践中创造的。

这种新型温室前棚高、后棚矮，前、后棚共用一个墙体。后棚跨度为前棚(南面棚)的 3/4 或 4/5，前、后棚的覆盖时间相同，但揭帘时间前棚早、后棚晚。前棚栽植甜樱桃，后棚可栽植葡萄、蔬菜等矮生植物。

此结构温室的前、后棚共用一个墙体，既节省建筑用料，又充分利用了温室后面的空闲地。后棚为前棚保温，加之后棚揭帘升温晚，外界温度较高，可以利用前棚上一年用过的旧棚膜和旧帘，降低了生产成本。由于具有上述优点，这种新型温室近年来已在生产中逐步扩大应用，值得推广。

3. 轻便型腔囊式日光温室

轻便型腔囊式日光温室也称为内保温棚，是辽宁省农业职业技术学院姜兴胜教授发明的。该温室采用现代保温材料，为内保温形式。轻便型腔囊式日光温室的保温材料轻便，卷放自如快捷，卷帘只需 2～3 min，放帘只需几秒时间；保温材料在卷帘后和撤帘期间因呈折叠式内置，故不易损坏，使用年限长；骨架及卷帘放帘系统等各部件安装、拆卸方便；棚内四周地面设蓄热恒温系统平衡室温；不用草帘覆盖，既防火、抗风(可抗 8 级风)、抗雪，又省工、省力；屋面角度大，光照强；通风装置可随意开启；无墙体，造价低(造价不超过 45 万元/hm^2)。

轻便型腔囊式日光温室为钢筋骨架，矢高 4.5 m，跨度 10～13 m，长 60～100 m，架间距 1.2 m，可建成东西向或南北向，既可单栋建造也可连栋建造。东西向单跨型跨度为 10 m 左右，南北向单跨度为 13 m 左右，连栋型跨度随意设计。

轻便型腔囊式日光温室适合我国北方地区和风沙地区进行设施水果、蔬菜、花卉、食用菌、畜禽、水产养殖的生产，尤其适合树体高大的甜樱桃设施生产。随着设施甜樱桃栽培区域不断向北扩展，这种轻便、内保温式新型温室，值得推广应用。

(二)塑料大棚棚型选择

塑料大棚类型主要有竹木结构和钢架结构两种。当前生产上多采用钢架结构塑料大棚。

1. 无柱钢架塑料大棚

无柱钢架塑料大棚(图 7-8)应用较普遍，可自行焊接建造，也有厂家提供配套生产。大棚跨度 8～10 m，长 50～100 m，矢高 2.5～3 m，普遍采用直径

40～60 mm的圆钢和直径 12～16 mm 的钢筋焊接成“人”字形花架当拱梁。上、下弦之间的距离，在顶部为 40～50 cm，两侧为 30 cm。上、下弦之间用直径 8～10 mm 的钢筋做拉花，将上、下弦焊接成整体。为使整体牢固、拱架不变形，在纵向用 4～6 条直径为 12～14 mm 的钢筋做拉筋，焊接在拱架下弦上，钢架的两端固定在两侧的水泥墩上。这种大棚由于棚内无立柱，拱杆用材为钢筋，因此遮光少、透光好，便于操作，有利于机械作业，坚固耐用，使用时间可达 10 年以上，有的甚至长达 20 年，但一次性投资大。

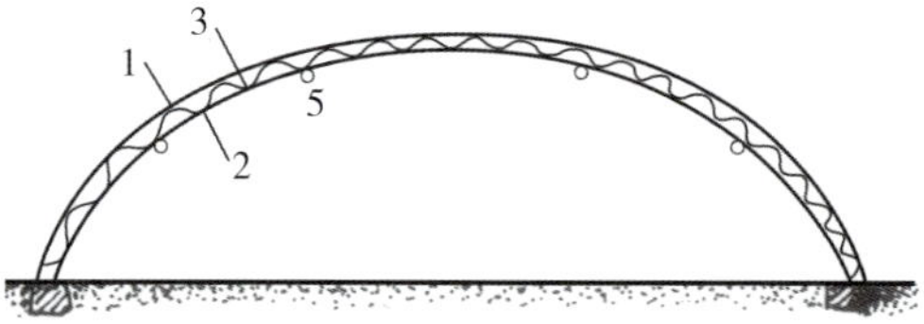

1. 上弦；2. 下弦；3. 拉花；4. 拱架基；5. 拉筋

图 7-8　无柱钢架塑料大棚

2. 有柱钢架塑料大棚

有柱钢架塑料大棚已在生产上广泛应用，大棚跨度 15～20 m，长度 60～100 m，脊高 3～4.5 m。棚架焊接和固定与无柱钢架塑料大棚基本相同，只是在棚内近屋脊处设两排立柱，排间距 2 m 左右，柱间距 3～4.5 m。覆盖草帘的大棚，棚脊处覆盖木板作走台。棚脊处还可安装卷帘机，用于两侧盖帘的卷、放。由于增设了立柱，使棚的跨度大大增加，加大了棚内的可利用空间。

3. 连栋大棚

连栋大棚为全钢架结构，骨架用热镀锌管制成。跨度 8 m，矢高 4.5 m 左右，肩高 2 m，顶部无通风窗，在四周肩部装有半自动通风装置，内部纵向有钢立柱，间距 4 m，有横向悬梁，其上固定吊柱，吊柱支撑钢拱，拱架间隔 2 m。

四、解除休眠与升温时间

设施栽培甜樱桃，其环境条件与露地不同，不仅受自然条件的限制，也受人为因素的影响。最大限度地创造出一个适宜甜樱桃生长的环境至关重要，要尽最大可能营造一个与外界自然生长环境相适合的小气候条件来满足甜樱桃的生长、结果。设施内的温度、湿度、光照和气体成分等是最重要的环境因素，直接影响着甜樱桃树的生长发育，也是设施甜樱桃栽培成功与否的关键。打破休眠、扣棚及升温时间的早晚与果实的上市时间和经济效益息息相关。

1. 自然解除休眠

甜樱桃的芽进入休眠期后，必须经过一定的低温才能解除休眠。不同品种甜樱桃之间的需冷量有很大的差异，一般甜樱桃品种在0～7.2℃温度范围内的需冷量为700～1 400 h。满足需冷量要求后，当外界温度适宜时甜樱桃的芽即可萌发。在解除休眠的过程中，芽的组织液酸度增大，水解酶的活性和呼吸强度增强，氨基酸和糖的含量增加，生物抑制物质如脱落酸的含量减少，促进生长的物质如赤霉素的活性增加，这些因素均能促使芽萌发。

2. 打破休眠技术

生长调节物质能调控植物萌芽、生根、开花、结实、衰老和休眠等。基于对植物内源激素作用机理的深入了解，利用生物和化学方法合成的植物生长调节剂来打破植物休眠的技术，已经在设施果树生产上得到了广泛应用。单氰胺是目前应用最广泛的打破休眠用生长调节物质。

单氰胺的主要功能是抑制过氧化氢酶的活性，加速一系列的戊糖氧化磷酸化循环，致使新陈代谢所需的核苷酸合成减少，最终促使萌芽，提高萌芽率，使新梢生长整齐一致。单氰胺的化学名称为氨基氰，简称氰胺，英文名Cyan. am1de，商品名有“荣芽”“朵美滋”等。单氰胺原药为无色晶体，易吸水潮解，遇碱分解成双氰胺(石灰氮)的聚合物，遇酸分解成尿素，因此，它在植物体内可快速分解生成尿素，不留残毒。单氰胺已在冬季冷量积累不足的地区广泛应用于破眠催芽，剂型为50%的水溶液。多个国家已将其注册为植物生长调节剂，对葡萄、猕猴桃、甜樱桃等有效。

单氰胺在大连地区甜樱桃温室生产上应用效果较好，已应用多年。因品种和生态条件不同，单氰胺的最佳使用时间存在差别。甜樱桃温室栽培使用单氰胺，通常是在升温前1周至揭帘升温时，全树喷1次50倍液，要求周到细致地喷布。大连市多个甜樱桃温室的应用情况表明，喷施单氰胺后能提前15 d萌芽，使开花和成熟期提前10～15 d，而且萌芽率明显提高，萌芽、开花整齐一致，成熟期集中，单果质量和产量均有提高。需要注意的是，喷施单氰胺后新梢的生长量明显加大，需在花前和硬核期前后分别喷PBO 100～150倍液和150～200倍液各1次。另外，高浓度的单氰胺会出现药害，造成死芽、死枝现象，升温后再喷施单氰胺也会产生药害。

3. 覆盖时间的确定

甜樱桃设施栽培中的覆盖，其作用一是保护树体不受冻害，二是使树体提早进入休眠。扣棚时间取决于当地冬季气温的特点，一般在甜樱桃进入休眠期后扣棚覆盖。甜樱桃在气温低于7.2℃时就进入自然休眠阶段。纬度高的地区覆盖时间早，纬度低的地区覆盖时间相对较晚。

解除休眠越早，升温越早，果实成熟也就越早。为了使甜樱桃提早成熟上市，获得较高的经济利益，可提早覆盖，以提早解除休眠。还可在设施中安装制冷设备，或将盆栽樱桃移入冷库进行强制休眠。大连市弘峰园艺公司安装了制冷设备的温室，甜樱桃在 8 月就进行扣棚覆盖，每天降低 1℃，降到 7℃以下后将温度保持在 0～7.2℃，满足需冷量后即开始升温，生产的樱桃鲜果可以在元旦、春节期间上市，经济效益显著。通常经过自然休眠的以促早熟为目的的甜樱桃大棚或温室，当外界气温连续出现 7℃以下的低温时，就可以进行扣棚覆盖。覆盖后棚内温度保持在 0～7.2℃，有利于需冷量的满足和安全度过休眠期。扣棚覆盖后，若白天气温高于 7.2℃，可在夜间温度低时揭帘通风降温，白天放帘保温；若温度过低，可在白天适当卷帘升温到 7℃。

北纬 35°附近地区冬季最低气温不低于－15℃，樱桃树在休眠期无冻害发生，可在完成自然休眠后直接扣棚覆盖，覆盖后即行升温。一般覆盖时间在 1 月上、中旬。北纬 40°以北地区冬季气温低于－18℃，樱桃树容易发生冻害，故应提早进行覆盖，这样不但可以使树体提早进入休眠，而且还可避免树体遭受冻害。人工制冷温室中或盆栽移入冷库强制休眠的樱桃树，覆盖时间可依据要求的果实上市时间来定，但必须是在树体完成生长发育之后。

4. 升温时间的确定

设施栽培甜樱桃的升温时间可依据休眠期的低温需求量和设施类型来确定。

不同品种的休眠时间长短不一。大连市农业科学研究院的试验结果表明，红灯、红艳、8-129、红蜜的需冷量为 800～850 h，佳红、美早的需冷量为 950～1 000 h，拉宾斯、雷尼的需冷量为 1 200～1 400 h。必须在满足所栽植品种低温需求量的最高值后，也就是当设施内低温需求量最高的品种稳定通过自然休眠后，才能揭帘升温。大连地区一般在 12 月中、下旬开始升温。如果需冷量不足，会出现萌芽开花不整齐、花期拉长或不开花、坐果率低等现象。

塑料日光温室有较好的保温性能，以促早熟为目的的温室，一般在满足需冷量后即可升温。以延迟成熟为目的的温室，应在棚内温度高于 5℃时开始人工降温，升温时间依果实上市计划而定。塑料大棚的保温性能较差，升温时间不宜过早。覆盖草帘的应在外界旬平均气温不低于－12℃时升温，无草帘覆盖的则应在旬平均气温不低于－8℃时升温。如果升温过早，在开花期和幼果期可能遭遇寒流，使棚内温度下降的幅度过大，导致冻害发生。现蕾至开花期发生冻害的临界温度为－2℃，所以，应适时升温。另外，当棚室多、面积大时，为减轻采果、销售和运输的压力，可分期升温，以错开果实成熟期。

五、设施内小气候调控

(一)温度调控

保持适宜的温湿度，是设施栽培管理中最重要的工作。特别是升温后温度的管理。

升温第 1 周，草苫揭开 1/3 高度，以后每天逐渐升高。升温第 2 周，草苫揭开 2/3 高度，以后每天逐渐升高。第 3 周开始，全部揭开草苫并打开通风口。适宜的气温和地温控制指标见表 7-1。温湿度调控管理人员要严格按表 7-1 中的要求调控温湿度，管理并做好每日记录。

表 7-1 甜樱桃各生育期气温和地温指标 单位：℃

项目	休眠期	萌芽期	开花期	幼果期	着色期	采收期
昼温	0～7.2	12～16	16～18	18～22	20～25	22～25(不超过 28)
夜温	0～7.2	5～7(不低于 3)	7～8	7～10	10～15	12～15
地温	0～8	8～12	13～15	15～18	16～20	16～20

升温 2 周内，棚内温度白天为 10℃，每 2～3 d 上升 1℃，最高不超过 15℃。这段时间要求严格控制温度，不可过高或过低。因为从这时起至开花为萌芽期，也称孕花期，甜樱桃的花芽还在进一步分化，棚内温度过高或过低都会影响花芽分化的质量，最终影响树体的坐果和产量。因此，开始升温后，温度应缓慢提高，从开始升温至开花期间必须保证有 1 个月左右的时间，否则，即便是可以开花，坐果率也很低。

甜樱桃在开花期对温度的要求更严格，温度过高或过低均不利于花期的授粉受精。白天温度要保持在 12～18℃，夜间最低温度不能低于 5℃。甜樱桃的花期耐寒力较差，温度低会影响花粉管的生长，使受精受阻，影响其坐果。落花后，每 2 d 升温 1℃。

幼果期，气温控制在白天 18～22℃、夜间 7～12℃，有利于果实迅速膨大；果实着色至成熟期，气温控制在白天 18～24℃、夜间 10～15℃，保持昼夜 10℃左右的温差，有利于果实着色和糖分的积累。果实着色期温度过低，不仅会延迟果实成熟、降低果实品质，还会影响花芽分化；温度过高虽可加速果实成熟，但会影响果个大小，使果实着色不良，降低果实的商品价值。

在樱桃设施栽培中，从萌芽至采收常会遇到不良气候，设施外的温度变化会影响棚内的温度。因此，必须采取一些措施对设施内的温度进行调节。

1. 增温措施

增加供暖设施和加强保温措施是设施栽培增温的常规措施。当遇到气温骤降、棚内温度过低，或连续阴雪天使白天不能卷帘时，应采取临时供暖措施来加温，如用热风炉、碘钨灯、电暖器等加温设施进行供暖。尽量避免使用明火供暖，以防产生有毒有害气体，给人和树体带来危害。对于保温性能差的温室或大棚，应加盖一层纸被或棉被。

正确掌握卷帘、放帘时间对增加温度也很重要。虽然早揭、晚放可以延长棚内的光照时间，但当外面气温过低时，揭帘过早或放帘过晚会降低棚内温度，故应正确掌握揭放帘时间。一般揭帘后棚内气温在短时间内下降 1～2℃后再上升，为比较合适的揭帘时间，若揭帘后棚内温度不是下降而是升高，则为揭帘过晚；放帘后温度在短时间内回升 1～2℃后缓慢下降，为比较合适的放帘时间，若放帘后温度没有回升，而是下降，则为放帘时间过晚。冬季，正常天气一般日出后 1 h 揭帘、日落前 1 h 放帘较为合适；春季，适当提前揭帘、延后放帘。遇特殊寒冷天气或大风天气时，要适当晚揭、早放。天气暖和时，日出时揭帘，日落时放帘。阴天时，在不影响温度的情况下，正常揭盖草苫，室外射入的散射光有利于树体的生长发育，故可晚揭、早盖。应及时清除积雪。

除以上措施外，经常清除棚膜上的灰尘，增加棚膜的透光率，也有利于增温。

2. 降温措施

主要靠通风来降低设施内的温度，生产中多采用屋面上部和中下部扒缝的方法来通风。通风降温时的通风量，要根据季节、天气情况和甜樱桃各生育阶段对温度的要求灵活掌握，要在棚内温度达到最适气温时开始逐步通风。开放通风口时要做到均匀一致、由小渐大，使温度变化平稳、均匀，避免忽高忽低。不要等温度升高至极限时突然全部打开通风口，这样会造成骤然降温，使棚内不同部位的温度产生剧烈变化，特别是在通风口附近，温度下降迅速，会使花、叶或果实受到伤害。

(二)湿度调控

甜樱桃对湿度很敏感，湿度过大或过小都会影响树体的生长和发育。萌芽期要求棚内湿度较高，相对湿度要维持在 70%～80%，湿度过低会导致萌芽和开花不整齐。开花后，棚内的相对湿度要求保持在 50%左右。花期湿度过大或过小均不利于授粉受精，湿度过小时，花柱头干燥，不利于花粉管萌发；湿度过大时，花粉粒不易散粉，花柱头的黏液过于稀薄、对于花粉的黏着力变小，也易引起花腐病。幼果期湿度过大会引起病菌滋生，侵染叶片和幼果。果实着色期湿度过大会降低透光率，不利于着色，并容易引起裂果。因此，棚内湿度管理与温度管理同等重要，必须适时调节湿度，使之达到甜樱桃各生育阶段的要求。

1. 降湿措施

(1)通风排湿。通风是生产中采用最多的排湿方法。盖帘后，在不影响温度的前提下，开启少量通风口，通过换气降低湿度。早春(3～4 月)气温回升后，夜间通风口可留 3～5 cm 宽的缝不关闭，以便通风排湿，可使夜间棚内的湿度降低 15%～20%。

(2)地膜覆盖。空气中的水分有相当一部分是从土壤中蒸发而来，地面覆膜可显著减少地面水分的蒸发，降低棚内的空气湿度。

(3)改变浇水方式。采用膜下灌溉或膜下滴灌，可降低棚内空气湿度。另外，灌水应选择在晴天的上午进行，这样中午通风时加大通风量可排除部分湿气。

(4)放置生石灰。果实成熟初期在棚内多点放置生石灰，利用生石灰吸湿的特性吸收棚内空气中的水分，可降低棚内湿度。此法可使湿度降低 10%～20%，能有效地减少裂果的发生。用木箱或盆等容器盛装生石灰，每隔 3～5 m放置 1 个，用量为 3 000～4 500 kg/hm^2。

(5)选用无滴防雾棚膜。棚膜选用聚乙烯无滴防雾膜。覆膜时，除东西向抻紧压实外，南北向也要抻紧，避免有褶皱，以减少滴水和雾气。

2. 增湿措施

萌芽期需要增加湿度，主要措施是灌溉和喷水。灌溉不利于地温升高，不宜提倡。向地面喷水是一种简单易行的办法。可在晴天的 9：00～10：00 向地面喷雾或洒水。水不要喷洒过多，以放帘前 1～2 h 全部蒸发完为度。有条件的可用加湿器来增湿。

土壤湿度可通过灌溉来调控，一般在升温前给土壤灌 1 次透水，然后覆地膜。以后根据土壤湿度和树体需水状况而定，每次灌水量不宜过大，灌水后要及时覆上地膜。

(三)光照调控

甜樱桃是喜光性强的果树。设施栽培条件下，受设施结构、方位、覆盖材料及管理技术的影响，光照强度降低，容易出现光照不足，影响光合作用，表现出新梢细弱、节间加长，叶片薄软、绿色不浓，果实着色不良等现象，致使树体发育不良，果实质量下降，甚至减产。

增加设施内的光照，除了选择最优结构和合理方位及适宜的塑料薄膜外，还应备有增光、补光方案，以解决冬季光照时间短和阴天光照不足的问题。

通常采取以下措施来增加光照。

(1)延长光照时间。在不影响保温的前提下，草帘要尽可能地早揭晚放，以延长光照时间。

(2)铺设反光膜。于幼果期开始在树冠下面和后墙铺挂高聚脂铝膜，可以将射入温室树冠下和后墙上的光线反射到树冠内膛及温室后部的弱光区，此方法能增加光照25%～30%，使设施内的整体光照得到改善。

(3)清洁棚膜。利用棉布条或旧衣物等制作长柄拖把，经常清除棚膜上的灰尘和杂物，增加棚膜的透光率，这是一项非常重要的增加光照的措施。最好每2～3 d清洁1次。

(4)补光。遇到阴雪天或多云天气无法揭帘时，可用日光灯、白炽灯、农用高压汞灯和碘钨灯等进行补光。补光灯与树体顶部叶片的距离以60 cm以上为宜。每天以43.2 W/(h·m^2)补光18 h，效果很好。

(四)气体调控

设施栽培甜樱桃，从萌芽至采收期间设施内多处于密闭状态，空气成分与露地不同，需要特别关注的气体是二氧化碳和肥料分解、塑料薄膜老化等释放的有害气体。

1. 二氧化碳

二氧化碳是植物光合作用不可缺少的原料。通过光合作用，植物叶片将二氧化碳和水同化成有机物质。二氧化碳的浓度直接影响植物的光合效率，进而影响甜樱桃的产量。在一定范围内，二氧化碳的浓度越高，光合速率越高，但设施内处于密闭状态，在不开启通风装置时，空气中的二氧化碳不能及时补充，会造成二氧化碳浓度过低，不能满足光合作用的需要。

设施内二氧化碳浓度的变化规律是：从16：00密闭后，随着植物光合作用的减弱和停止，二氧化碳浓度不断增加，22：00达到最高值(约1 000 mg/kg)。这个浓度一直保持到翌日清晨揭帘前。这段时间棚内的二氧化碳气体主要来自植物的呼吸和土壤中有机物的分解。揭帘后随着太阳的照射，光合作用加强，二氧化碳浓度急剧下降，至9：00二氧化碳浓度已低于棚外的浓度，特别是在晴朗无风的条件下更为明显，通风之前出现最低值。若果树长期处于二氧化碳浓度低的环境，会严重影响其光合作用。生产中通常采用一些措施来补充二氧化碳气体，主要有：①增施农家肥，利用农家肥分解产生的大量二氧化碳气体来增加空气中的二氧化碳浓度。②使用二氧化碳发生器，或施用固态或气态二氧化碳肥料。③用稀硫酸和碳酸氢铵混合反应产生二氧化碳气体。④利用煤油、煤炭、沼气等充分燃烧放出二氧化碳。⑤通风换气调节。晴天时，在不影响温度的情况下，揭帘后和放帘前少量开启通风口进行气体交换，从室外补充二氧化碳。

设施栽培甜樱桃，人工补充二氧化碳应自花后开始。一般揭帘前 0.5～1 h即可施放，阴天少施或不施。施用二氧化碳后，可适当提高棚内温度，以便充分发挥肥效。

2. 有害气体

设施内的有害气体包括氨、二氧化氮、一氧化碳、二氧化硫、乙烯和氯气等。

氨主要来自未腐熟的畜禽粪、饼肥等的发酵分解过程。此外，施用碳酸氢铵、尿素等氮肥，也会引起氨气的积累。氨浓度大时可导致植物中毒。氨在空气中的含量达到 5 mg/kg 时，甜樱桃的幼叶首先受到损害，开始出现水渍斑点，严重时变色枯死。氨害多发生在施肥后 1 周内。为避免氨害发生，农家肥必须经过充分腐熟才能施用。氨肥要沟施，边施边及时覆土、浇水，以防氨气挥发。氨害发生时应及时通风排出氨气。

二氧化氮又称亚硝酸气，多由施肥方法不合理和施用过多氮肥造成。当土壤呈碱性或氮肥施用过多时，硝酸细菌的作用降低，多余的二氧化氮不能及时转变成硝酸，会在土壤中积累或释放至空气中危害树体。二氧化氮的危害多发生在施肥后 1 个月左右。当二氧化氮浓度达到 25 mg/kg 时，叶绿体褪色，叶片出现白斑，浓度高时叶脉变成白色，甚至全株出现枯死斑。为避免二氧化氮的挥发，施用氮肥时要少量多次，最好和磷酸钙混施。

二氧化硫又称亚硫酸气体，多是燃烧含硫量高的煤炭产生的，未腐熟的粪便及饼肥的分解过程也会释放出很多二氧化硫。当二氧化硫浓度达到 5 mg/kg时，1～2 h 后叶片的叶缘和叶脉间细胞就会死亡，形成白色或褐色枯死斑。一氧化碳是由于煤炭燃烧不完全产生的，烟道有漏洞、缝隙时排出到周围，对人和树均有危害。为防止二氧化硫和一氧化碳的危害，加热用煤要选用优质无烟煤，燃烧要彻底，烟道密封要严。若发现烟雾或闻到异味，要及时通风换气。

乙烯和氯气来自有毒的塑料薄膜和塑料管。乙烯在空气中的浓度超过 0.05 mg/kg 时就易造成危害，使叶片褪色，严重时引起死亡。氯气浓度达到 0.1 mg/kg 时就可破坏叶绿素，使叶片褪色、枯卷，甚至脱落。经常通风换气，使用无毒的塑料材料，是防止乙烯和氯气产生的有效方法。

六、花果管理

(一)提高坐果率

甜樱桃是自花结实能力低的果树，加之在设施条件下无风、无昆虫传粉，设施栽培甜樱桃的坐果面临很大挑战。为了提高坐果率，除建园时配植授粉树外，还应采取人工授粉、利用访花昆虫以及其他辅助授粉措施。

1. 人工授粉

人工授粉在开花当天至花后第 4 d 进行，每天进行 1 次，以 9：00～15：00为宜。有两种人工授粉方法：一是用鸡毛掸子或毛团、球式授粉器(软气球)在授粉树及被授粉树的花朵之间轻轻接触授粉，如果结合鼓风机吹风，则有利于花粉的干燥和授粉。二是人工采集花粉，用授粉器点授。授粉器授粉的花粉采自含苞待放的花朵，人工制备，具体方法是：将花药取下，薄薄地摊在光滑的纸盒内，置于无风干燥、温度在 20～25℃的室内阴干，经 1 昼夜花药散出花粉后，装入授粉器中授粉。所用的花粉，一是在设施内随采随用；二是用贮存的花粉，在上一个生长季的露地园采粉，阴干后装入硫酸纸袋内包好，袋外配置干燥剂，用塑料袋包裹严密后，放在－20℃以下的低温条件下(冷库、冷冻箱)贮藏，贮藏花粉的环境要求干燥、避光。授粉时，从冷冻箱中取出花粉，在室温条件下放置 4 h 以上再使用。

授粉器的制作：在青霉素瓶盖上插 1 根粗铁丝，在铁丝的顶端套上 2 cm 长的自行车胎用气门芯，并将其端部翻卷即成。开花后一两天人工点授效果最好。

2. 利用访花昆虫授粉

人工点授花粉虽然坐果率高，但费时费工，设施栽培还应结合蜜蜂或壁蜂进行授粉。

(1)释放蜜蜂授粉。在甜樱桃初花期，每个温室放 1～2 箱蜜蜂即可。放风口要加防虫网，以防蜜蜂飞失。放蜂期间若遇雪天或低温天气，蜜蜂不出巢采蜜，必须辅以人工授粉。

(2)释放壁蜂传粉。壁蜂也称豆小蜂，是人工饲养的一种野生蜂，适应性强、访花频率高、繁殖和释放方便。壁蜂的活动温度低，12～13℃即可出巢采集花蜜、花粉，15℃以上十分活跃，与樱桃的开花温度对应。用壁蜂授粉时，蜂巢宜放在距地面 1 m 处。每巢内放 250～300 支巢管，巢管用芦苇秆制作或用牛皮纸卷制，管长 15～20 cm，管壁内径为 0.5～0.7 cm。在樱桃开花前 1 周，从冰箱内取出蜂茧放入温室内的蜂巢上，约 5 d 后为出蜂高峰，放蜂量约为 4 500 只/hm^2。如果壁蜂破茧困难，可人工辅助破茧。放壁蜂授粉时，棚内须有湿润的泥土坑。

在放蜂期间，避免喷施各种杀虫剂，以保证蜂的安全。

3. 提高坐果率的辅助措施

在盛花前喷 1 次 0.2%尿素加 0.2%～0.3%硼砂液或赤霉素，可显著提高坐果率。花期喷硼能促进甜樱桃花粉发芽和花粉管的伸长，可提高坐果率

13%左右。另外，在开花前至开花末期，每逢晴天，在不降低温度的前提下揭膜通风，可增加花器对自然条件的适应能力和提高花器的发育质量，同时还可以降低棚内的空气湿度，有利于花粉干燥、散粉。在萌芽后期不要放帘降温，也不要用高温闷棚催芽，应尽可能地进行通风锻炼，使花蕾尽量多地接受直射光照射，这对提高花芽的发育质量和提高坐果率十分重要。

(二)疏花疏果，合理负载

疏蕾、疏花和疏果可以使树体合理负载，减少养分消耗，有利于果实发育和提高果实品质。也可以结合修剪保留合理的花芽量。

(1)疏花。在花芽膨大期至开花前疏花芽，摘除短果枝和花束状果枝基部的弱小及发育不良的花芽。疏花芽可以改善保留花的养分供应，是提高甜樱桃单果质量的有效措施。通过疏花芽，使每个花束状果枝上大约留 3～4 个饱满肥大的花芽，可以增大果个、提高果实品质。

(2)疏果。疏果是在疏花的基础上进一步提高单果质量的生产技术。在盛花 2～3 周后，即生理落果结束后进行疏果。疏果量应根据树体的长势、负载量及坐果情况而定。主要疏除小果、畸形果以及光线不易照到而着色不良的下垂果，保留横向及向上的大果。通过疏果，可进一步调整植株的负载量，促进果实增大，提高果实的含糖量。

(三)促进果实着色，提高果实含糖量

(1)转叶或摘叶。短果枝上的果实被簇生叶遮住光线，不能正常着色。可在果实着色期将遮光的叶片轻轻转向果实背面或摘除，以增加果实的光照量，促进果实着色。

(2)铺设反光膜。果实膨大至着色期，在树冠下和后墙铺设银色反光膜，利用反射光增加树冠下部和内膛果实的光照度，促进果实着色。另外，在不影响温度的前提下，适当早揭帘、晚放帘，尽量延长光照时间，可以促进果实着色。

(3)清洁棚膜。在果实着色期要经常清除棚膜上的灰尘和杂物，增加棚膜的透光率，这样有利于增加光照，促进果实着色。

(4)及时摘心。当新梢长至 15～20 cm 时要及时摘心，防止新梢与幼果争夺养分。

(5)施肥。谢花后至果实成熟前，每隔 7～10 d 叶面喷施专用营养液或尿素(0.3%～0.5%)、磷酸二氢钾(0.3%～0.5%)等液肥，同时增施二氧化碳气肥。谢花后施尿素、复合肥或冲施肥，并适量灌水，可明显提高果实品质。

(四)采前果实保护

甜樱桃中的大多数品种都不抗裂果，在果实黄化至完全成熟阶段，如果

空气湿度过大会导致裂果，严重影响果实的商品价值。设施栽培的甜樱桃虽然避免了降雨导致的裂果，但不适当的灌水、过多施用氮肥及棚内湿度过大，仍会引起甜樱桃的裂果。为防止和减少采前裂果，应采取以下措施：

(1)保持土壤水分状况稳定。在果实生长前期，加强水分管理，使土壤含水量保持在田间最大持水量的60%左右。灌水原则是少灌勤灌，不要等到干透了再灌。

(2)降低棚内的空气湿度。果实膨大至着色期，由于枝梢的生长发育，叶面积增大，树体蒸发的水分增多，使棚内的空气湿度变大，故应经常开启通风装置通风排湿。放帘时，可稍留一点儿风口不完全关闭，以降低夜间棚内的湿度。还可在棚内多点放置生石灰来降低湿度。

七、整形修剪与土肥水管理

1. 整形修剪

适宜樱桃设施栽培的树形有开心形、改良纺锤形或细长纺锤形。开心形多用于设施中的前一排树，控制树高在1.5 m左右、干高30 cm左右，全树有3～5个主枝，无中心干，每个主枝上有5～7个侧枝，主枝与主干成30°～45°角倾斜延伸，各级骨干枝上配置结果枝组。改良纺锤形多用在设施中的后一两排树，控制树高在2～3 m、干高不低于40 cm，有中心领导干，在中心领导干上配置10～20个单轴延伸的主枝，主枝间的间距从下部的10～15 cm向上依次加大到15～20 cm，下部主枝较长，长约1.5～2 m，向上逐渐变短。主枝自下而上呈螺旋状分布，主枝基角80°～85°，接近水平。

进入结果期的樱桃树的修剪方法主要是摘心、拉枝(拿枝)、疏枝，目的是促进形成结果枝。修剪的关键时期在生长季，通过摘去主枝背上直立、旺长新梢、疏除过密枝、延长枝拉枝来缓和生长势。第六章对樱桃树的整形修剪有详细叙述，设施栽培可以参照。

2. 土肥水管理

为了保证设施内新栽樱桃树的成活，栽植当年不扣棚升温，春季萌芽前在树盘内灌1次透水，待地表稍干后松土覆地膜，以后根据天气和土壤墒情适量灌水，掌握不旱不涝的原则，大致可在花前、花后、硬核期、采收后、秋季施肥后、上冻前各灌1次水。展叶后至谢花后施尿素加复合肥1～2 kg/株，并适量灌水；整个生长期叶面喷施活力素600倍液加0.3%尿素或绿兴1 000倍液加0.3%磷酸二氢钾5～7次，交替使用；8月中、下旬至9月上旬全园施1次有机肥，株施100～200 kg，如果施用优质的鸡粪、豆饼、香油渣，数量可少一些，施用土杂堆肥时数量要多一些。对新栽的或树势较弱的樱桃树，用新宝佳灌根(100 g/株)，以确保树体成活和抽发新枝。

八、采后管理

设施栽培打破了樱桃固有的生长规律，在露地樱桃尚未开花时，设施樱桃可能已采收结束。所以，采果后到落叶前有近 8 个月的生长期，此期正是营养积累和花芽分化的关键时期，放松管理将会出现树势衰弱、花芽分化不良、花芽老化以及提前落叶、提早开花等问题，直接影响翌年的生长结果及产量。因此，必须加强除膜后的树体管理，以实现丰产、稳产和优质、高效。

1. 及时去除覆盖物

为使采收后设施内的温湿度尽快接近露地的自然状况，采收近结束时要逐渐加大放风量，放风锻炼不得少于 15～20 d。虽应及早去除棚膜，但也要防止撤膜过急。夏季及时罩遮阴网加以保护，防止夏季高温日晒灼伤叶片，遮阴网的遮光率要在 30%以下。有些温室也可以不揭棚膜，而是将上、下通风口全部打开到最大，然后在上面覆盖遮阴网。

2. 及时补肥

果实采收后，一方面树体消耗养分过大，另一方面花芽分化需要大量积累养分，因此，采收后应及时追肥。追肥的种类以速效性肥料为主，结果大树株施 30～50 kg 腐熟的人粪尿或 2～3 kg 腐熟的豆饼或 1 kg 不含氯化物的氮磷钾多元复合肥，采用沟施，沟深 20～40 cm，施肥后及时覆土并灌水。8 月末至 9 月末及时施基肥，以腐熟的鸡粪、猪粪等有机肥为主，有条件的果园可以增加饼肥的施用量，饼肥能有效地提高果实品质。另外，果实采收后可根据树体的发育情况及时进行叶面追肥，每隔 15 d 左右叶面喷施各种叶面肥，或 0.5%尿素、0.5%磷酸二氢钾，喷 2～3 次，以提高叶片的光合能力，增加树体的营养积累。

3. 及时排灌水与中耕松土

追肥后应立即灌水，以后根据土壤墒情和树体的生长状况适时灌水。樱桃树不耐涝，雨季来临时要做好棚内排水，避免积涝死树和出现严重的流胶病。每次灌水和雨后要及时中耕松土及除草，中耕深度 10 cm 左右。落叶后要清扫棚内的杂草和落叶，消灭病原。

4. 加强夏剪

樱桃树成枝力弱且顶端优势极强，应加强夏季修剪，主要目的是削弱竞争枝势力，调节树冠内的通风透光，增加结果枝的数量和营养储备，防止结果部位外移，促进花芽分化。夏剪方法主要有疏枝、摘心和拿枝，及时疏除背上直立枝或强旺枝及影响通风透光的大型辅养枝，对部分长果枝、主枝延长枝等及时摘心，对发枝角度不好的枝及时进行拿枝或拉枝。

5. 预防高温干燥

花芽分化期的高温干燥会造成下一年度出现双子果的概率高，另外，高温干燥还会造成螨类的发生。因此，果实采收后要预防夏季高温干燥对树体的影响，要及时喷、灌水和打开通风窗。

参考文献

[1]魏国芹，孙玉刚，秦志华，等．甜樱桃裂果机理及防治技术研究进展[J]．山东农业科学，2011(7)：59-63.

[2]魏国芹，孙玉刚，李芳东，等．甜樱桃设施栽培调查报告[J]．落叶果树，2012，44(2)：1-4.

[3]刘红霞，潘凤荣，肖敏，等．设施大樱桃生产过程中棚内气体调控技术要点[J]．河北果树，2017(4)：23-24.

[4]吕志明，潘凤荣，闫明伟，等．大连市甜樱桃产业发展历史、现状及趋势[J]．落叶果树，2018，50(3)：29-32.

[5]刘红霞，肖敏，夏国芳，等．大连地区日光温室甜樱桃越夏管理技术要点[J]．河北果树，2018(Z1)：69-70.

[6]王波，李国强．日光温室甜樱桃裂果原因及预防措施[J]．河北果树，2018(5)：47-48.

[7]潘凤荣，郑玮．中国甜樱桃设施栽培历程、存在问题及发展建议[J]．落叶果树，2019，51(5)：1-4.

[8]张琪静，于克辉，周朝辉．北方设施甜樱桃栽培技术[J]．北方果树，2019(5)：17-19.

[9]李桂云，史修柱，徐守国，等．设施甜樱桃栽培技术[J]．落叶果树，2019，51(6)：61-62.

第八章　樱桃主要病虫害及其防控

有多种病虫为害樱桃的根系、枝干、叶片和花果，严重影响樱桃树的生长发育、结果及果实的产量和品质。樱桃的主要病害有流胶病、根癌病、穿孔病、黑斑病、褐斑病、炭疽病、灰霉病、褐腐病、木腐病、根颈腐烂病等，主要害虫有桑白蚧、梨小食心虫、果蝇、黄刺蛾、叶蝉、绿盲蝽、潜叶蛾、红颈天牛、金缘吉丁虫、红蜘蛛、舟形毛虫等。近年来，樱桃的病毒病和生理病害有上升趋势。樱桃树对环境条件较敏感，适应性差，树势衰弱易发生生理病害，如畸形果、黄叶病、小叶病、缩果病、小果病、花脸病等。

第一节　病虫害防控基本原则

防控病虫害是樱桃生产中最重要的内容。如果樱桃园管理粗放，再加上各种原因导致的害虫天敌的减少，会造成樱桃园病虫害发生增加，导致减产。防控病虫害应选择适宜的方法。目前，发达国家采用“有害生物综合防治”的方法，即综合利用农业措施、生物方法、物理措施和化学药剂，创造不利于病虫害发生而有利于各类自然天敌繁衍的生态环境，通过生态技术控制病虫害的发生，本着“农业防治为主、化学防治为辅”的无公害防治原则，选择适宜的可抑制病虫害发生的一系列措施，如平衡施肥、深翻晒土、清洁田园等来控制病虫害的发生。

1. 农业防控

农业防控是在有利于农业生产的前提下，根据农业生态环境与病虫发生的关系，通过改变耕作栽培制度，选用抗(耐)病虫品种，加强栽培管理，以及采取改造自然环境等措施来抑制或减轻病虫害的发生。在果树栽培管理中，可通过清洁果园、施肥、翻土、修剪、疏花疏果来减少或消灭病虫害，或根据病虫害发生的特点，通过人工捕杀、摘除、刮除、涂白等手段控制病虫。

如选择种植抗病品种，冬季清理落叶落果、剪掉病虫枝，生长季节人工捕杀天牛、茶翅蝽、金龟子、舟形毛虫等，通过合理的肥水管理增强树体的抵抗能力，合理修剪改善果园的通风透光条件，抑制病害的发生。

农业防控是果园生产管理中的重要内容，不受环境、条件、技术的限制，可以长期控制病虫害的发生，大幅度地减少化学药剂的使用量，有利于果园的可持续发展。由于是结合果树丰产栽培、充分利用病虫越冬期采取的措施，因此不会增加劳力和成本；而且，农业防控有利于天敌生存，不污染环境，符合优质果品安全生产的要求。但农业防控不能彻底控制病虫害的发生。

2. 生物防控

生物防控是利用有益生物来防控病虫害的方法。在樱桃园的自然环境中，有 400 多种有益天敌昆虫资源和促使甜樱桃害虫致病的病毒、真菌、细菌等微生物。目前我国主要用于防控害虫，可以大量人工繁殖释放的天敌有苏云金杆菌、微孢子虫、昆虫病原线虫、昆虫病毒、白僵菌、赤眼蜂、瓢虫、草蛉、捕食螨等。生物防控不污染环境，对人、畜安全无害，无农药残留，符合果品无公害生产的要求，应用前景广阔。

3. 物理防控

物理防控措施主要针对的是樱桃虫害。根据害虫的一些生理学特性和特异性反应，可以用糖醋液、特异光线等方法诱杀害虫；诱杀传播病毒病的害虫，可以切断传播途径，间接地起到防控病毒病的作用。物理防控措施很多，如黑光灯诱杀多种害虫，黄板诱杀叶蝉，果树涂白驱避害虫产卵，诱虫器皿内放置糖醋液诱杀果蝇，性诱剂诱杀卷叶蛾、食心虫，等等。

物理防控的特点：借助特殊的物理手段，如红外线、高频电流等，能杀死隐蔽为害的害虫；放射性辐射能消灭一定范围内的害虫种群；多数物理防控措施没有化学防控时带来的副作用。由于物理防控不会污染环境，有利于果园的可持续发展，也是值得提倡的无公害樱桃生产技术中有效的病虫害防控方法。

4. 化学防控

化学药剂防控病虫害具有作用迅速、见效快、方法简便的优点，在现阶段果品生产中仍然具有不可替代的作用。但长期使用化学药剂，会增加害虫的抗性，还存在污染环境、减少物种多样性、药物残留等危害。在普遍关注食品安全的当今，正确使用化学药剂生产无公害果品格外受到重视。使用化学药剂防控害虫时，应遵守有关无公害果品生产操作规程和农药使用标准，合理选择农药种类，正确掌握农药用量。首先要做好病虫的测报，调查病虫的发生情况，选择合适的农药种类和在正确的时机用药。应选择高效、低毒、低残留的农药，同时要考虑施药器械和方法，尽可能地减少化学农药的使用数量和次数，避免对人类、有益生物和环境造成不良影响。

第二节 樱桃主要病害

一、细菌性穿孔病

细菌性穿孔病是樱桃常见的叶部病害（图 8-1），常造成叶片穿孔早落，为害严重时能造成果实龟裂，降低产量。除为害樱桃外，该病还能为害桃、梅、李、杏等多种核果类果树。病原为黄单胞杆菌（*Xanthomonas pruni* Smith）或假单胞菌杆菌（*Pseudomonas syringae* pv. *Syringae*）。

图 8-1 细菌性穿孔病为害叶片

1. 为害症状

细菌性穿孔病在叶、新梢和果实上都能发生。叶上发病初期为水渍状圆斑，后逐渐扩大为直径 2～5 mm 的近圆形褐色或红褐色病斑，或数个病斑相互连接成大病斑。病斑边缘有黄绿色晕环。以后病斑干枯，边缘产生一圈裂缝，易脱落形成穿孔，但往往仍有部分病组织残留在叶上而不全部脱落。枝梢受害，产生两种不同类型的病斑，即春季溃疡斑与夏季溃疡斑。春季溃疡斑发生在上一年夏、秋季抽生的枝梢上，受害枝梢产生紫褐色油浸状、微隆起的长圆形小斑，当年不起传病作用，病菌潜伏越冬。翌年春季，病斑内细菌大量繁殖，病斑开裂，菌脓外溢，成为初次侵染的主要传染源。夏季溃疡斑通常在春、夏季抽生的枝梢上形成暗紫色油浸状、椭圆形、中间稍凹陷的斑块，病组织当年干枯而死，不能成为翌年初的侵染源。

2. 发病规律

病原细菌主要在病梢上越冬，病菌在枝梢病斑内可存活 1 年。第 2 年春季病部溢出菌脓，经风雨传播，也可由昆虫传播。病菌从气孔、皮孔等孔口侵入树体。病菌活动的最适温度为 25～30℃，一般气温在 10℃、4 月中旬展叶后即可发病，5～6 月为全年的发病高峰。

3. 防控措施

（1）清除病源。剪除病枯枝，集中销毁。

（2）加强管理，增强树势，提高抗病力。增施有机肥和磷、钾肥，减少氮肥的施用量，及时清除徒长枝等措施均可减轻病害。

（3）药剂防治。早春芽萌动期喷 3～5°Bé 石硫合剂，展叶后发病期喷洒 80%大生 M-45 的 800～1 000 倍液，或用 72%农用链霉素 3 000 倍液，连续喷药 2～3 次，间隔 10～15 d 左右。

二、褐斑穿孔病

褐斑穿孔病是一种常见的真菌性病害，会导致早期叶片脱落（图 8-2），樱桃园发生较普遍。除为害樱桃外，还侵染桃、李、杏、梅等。病原为假尾孢属（*Pseudocercospora circumscissa* Sacc. Y. L. Guo et X. J. Liu）。

图 8-2　褐斑穿孔病病叶

1. 为害症状

褐斑穿孔病主要为害樱桃叶片，也为害新梢和果实。发病初期在叶片上形成针头大小的紫色小斑点，之后病斑逐渐扩大为圆形褐色斑，边缘变厚呈红褐色至紫红色，直径 2～5 mm。病部逐渐干燥、皱缩，周边产生离层，脱落形成孔洞。斑上有黑色小粒点，为病菌的子囊壳或分生孢子梗，能产生分生孢子。感病树树势容易衰弱，冬季更容易受到冻害，生长期树体生长缓慢。

2. 发病规律

初侵染源主要为病害落叶，病原菌主要以分生孢子器和菌丝体在病叶或枝梢病组织内越冬。翌年随着气温的回升和降雨，分生孢子借助风雨传播，从自然孔口或伤口侵入叶片、新梢。不同叶龄的叶片其感病能力有较大的差别，病原菌多侵染老叶，幼嫩叶受害较轻。一般 5～6 月开始发病，8～9 月进入发病盛期。夏季雨水多时，种植密度大、排水不良的果园发病严重。

3. 防控措施

(1)加强管理，增强树势，提高树体的抗病能力。重视增施有机肥和配方施肥，确保树体营养平衡。

(2)冬春季要彻底清除枝条和地面的病残叶，集中焚烧。重视夏季修剪，剪除和烧毁重病叶和枯死叶，以有效清除病原的初侵染源和再侵染源，还可使果园通风透光、降低湿度，减轻病害。

(3)选择种植红灯、美早、拉宾斯等抗病性较强的品种。

(4)树体喷 1∶1∶200 的波尔多液。谢花后至果实采收前后喷施 2～3 次杀菌剂，药剂有 70%代森锰锌可湿性粉剂 500 倍液、50%多菌灵可湿性粉剂 800 倍液、70%百菌清可湿性粉剂 800 倍液、25%戊唑醇 2 000 倍液。雨前选择保护性杀菌剂，雨后选择内吸性杀菌剂，以保证药效。

三、根颈腐烂病

根颈腐烂病(图 8-3)也称樱桃立枯病，是由真菌引起的一类土传病害。国外报道根颈腐烂病由疫霉菌引起，烟台市农业科学研究院发现从病树上分离到的撕裂蜡孔菌(*Ceriporia lacerata*)能引起病症。撕裂蜡孔菌在 pH 值为 3.0～11.0 的环境均能生长，在 pH 值 4.0～7.0 生长较快，pH 值为 6.0 时最适宜其生长；该菌的最适生长温度为 32～34℃，最高生长温度 38℃，致死温度 42℃。

根颈腐烂病在甜樱桃的根颈处发病。发病初期不易察觉，一般侵染 3～5 年后开始表现症状。树叶发黄卷曲时扒出根颈部位观察，根颈部位皮多腐烂 1 周。发病部位的树皮呈褐色、腐烂。开花坐果后树体进一步衰弱，雨季过后，发病严重的树整株死亡。同一果园中，先锋品种比其他品种易感病，发病严

图 8-3　根颈腐烂病症状

重的果园，所有品种都可感病。低温冻害、高温日烧、喷施除草剂的果园易发病，死亡树体周边的树易感病。除在根颈部位为害外，发病后期会向树的上部延伸。

1. 预防措施

(1)培肥沙质土壤，改良黏重土壤，改良土壤的菌群结构。

(2)完善果园的排灌系统，采用滴灌或喷灌，实行台式栽培，避免病菌传播。

(3)树盘喷药剂、撒石灰粉。

(4)做好根颈防护工作，春季晾晒根颈部位，初冬时筑土保护根颈部位。

2. 治疗措施

彻底刮除病树腐烂部位后涂药防治，药剂可选用多菌灵 200 倍液或戊唑醇 1 000 倍液，处理后把病害部位暴露在空气中。同时用多菌灵 500 倍液或戊唑醇 1 000 倍液进行灌根处理，根据树体大小，每株灌 5～10 kg，5 月和 7 月再各进行 1 次。

四、灰霉病

灰霉病(图 8-4)在设施栽培的果树中发病严重，为害樱桃花序、叶片、幼果和嫩梢。病原为灰霉菌(*Botrytis cinerea* Pers)。

1. 为害症状

灰霉病主要为害花和幼果。花器发病初期，病花逐渐变软枯萎腐烂，以后在花萼和花托上密生灰褐色霉层，最终病花脱落或不能顺利脱落而残留在幼果上引起幼果发病。幼果发病初始，在果面上产生淡绿色小圆斑，以后随着病斑的迅速扩大颜色逐渐呈深褐色，轻者病果生长停滞，重者全果腐烂，最终干缩成僵果悬挂于枝上。

2. 发病规律

灰霉病的病原是真菌中半知菌亚门的灰葡萄孢菌。病菌主要以菌核在病

图 8-4 樱桃灰霉病

僵果上或在土壤中越冬。在设施樱桃树的花期，空气湿度大时菌核即萌发，并散出大量的子囊孢子，成为初侵染源，开始侵染花器。初侵染发生后，又会产生大量的分生孢子，进行多次再侵染，病花及其残余物成为重要的再侵染源，病害开始传播到幼果上。病菌主要通过气流、水滴飞溅、人工授粉及其他田间操作等途径传播。设施内空气湿度大是发病的重要条件，发病的最适相对湿度为 90%～95%，最适温度为 21～23℃。若在盛花期遇上连续阴天，致使气温偏低又不能及时放风，会造成设施内湿度过大，从而导致灰霉病加重发生和流行蔓延。另外，栽植密度过大、施氮肥过多或缺乏、树势衰弱、抗病性差，都利于病害发生。

3. 防控措施

(1)彻底清园，深翻树盘，减少初侵染源。

(2)合理疏花疏果，以减少因花果过密或由人工授粉等田间作业造成的接触传染。

(3)及时摘除病花、病果以及幼果上不能顺利脱落的花器残体，以减少侵染源。在病部长出灰霉之前，及时摘除病花、病果，并放进塑料袋内带出温室外深埋或烧毁。

(4)控制速效氮肥的使用，防止新梢徒长，改善果园的通风透光条件。

(5)温室内最好不要间作油菜、莴苣、辣椒等易感染灰霉病的作物。

(6)开花前喷 1 次预防药剂，谢花后也要每隔 10 d 喷 1 次，连喷 2～3 次。注意交替使用药剂，以免产生抗药性。药剂有：50%速可灵可湿性粉剂 1 500 倍液，或 50%苯菌灵可湿性粉剂 1 200 倍液，或 65%甲霉灵可湿性粉剂 1 000 倍液，或 50%灰霉宁可湿性粉剂 600 倍液，或 50%多菌灵 500 倍液与 50%福美双 500 倍液混合液，或 75%百菌清 600 倍液与 70%代森锰锌 500 倍液混合液。

五、黑斑病

黑斑病(图 8-5)在樱桃产区发生较为普遍，该病还为害桃、梅、李等李属植物，造成叶片干枯脱落。病原为半知菌亚门真菌(*Alternaria alternate* Fr Keissler)。

图 8-5　樱桃黑斑病

1. 为害症状

樱桃黑斑病主要为害叶片，也侵染果实和嫩梢。幼叶受害后，病斑初为紫褐色，随后变为褐色不规则病斑(1～4 mm)，后期病斑干枯收缩，周围产生离层，病斑脱落形成褐色穿孔。果实受感染后常在成熟期发病，在果面上形成大黑斑，其上生有黑色霉层，为病菌的分生孢子梗和分生孢子。

病原在花芽鳞片上越冬，雌蕊及幼果果尖的黑斑病带菌率在开花后逐渐增加，花瓣萎蔫带菌率明显增长。病原侵入期从开花期开始，花瓣萎蔫期至盛花后 40 d 左右形成侵染高峰。果实症状最早在 7 月中旬开始出现，大部分病果出现在 7 月下旬以后。该病病菌以菌丝体或分生孢子盘在枯枝、芽鳞、落叶中越冬。次年 5 月中、下旬开始侵染初展叶片和嫩枝，6～9 月为发病盛期。病菌借风、雨或昆虫传播，不断再侵染新的叶片。

2. 防控措施

(1)加强管理。及时开沟排水，疏除过密枝条，改善樱桃园的通风透光条件。

(2)减少菌源。叶斑病菌在落叶上越冬，因此防治的关键在于扫除落叶并彻底烧毁，或在秋末进行翻耕，以减少越冬菌源。

(3)药剂防控。谢花后病斑初现时开始喷药防控，通常喷施 1 次 1∶2∶160 倍的波尔多液，或 65%代森锌可湿性粉剂 500 倍液，或 70%甲基托布津可湿性粉剂 800 倍液，或 75%百菌清 500～800 倍液，或 50%苯菌灵可湿性粉剂 1 200～1 500倍液等，7～10 d 喷 1 次，连喷 3～4 次。多雨地区要增加喷药次数。

六、褐腐病

樱桃褐腐病(图 8-6)主要为害花、叶、幼枝和幼嫩果实，以果实受害最重。病原属于子囊核盘菌(*Monilinia fructicola* Winter Honey)。

图 8-6 樱桃褐腐病

1. 为害症状

花受害易变褐枯萎，天气潮湿时花受害部位表面丛生灰霉，天气干燥时则花变褐萎垂干枯。果梗、新梢被害形成长圆形凹陷、灰褐色溃疡斑，病斑边沿呈紫褐色，常发生流胶，当病斑环绕 1 周时上部枝条枯死。果实受害，从谢花后 10 d 幼果开始发病，果面上形成浅褐色小斑点，逐渐扩展为黑褐色病斑，幼果不软腐；成熟果发病，初期在果面产生浅褐色小斑点，之后迅速扩大，引起全果软腐，表面产生灰褐色绒球状霉层，呈同心轮纹状排列。病果有的脱落，有的失水变成僵果挂在树上。

樱桃褐腐病的病原菌主要以菌核或菌丝体在病僵果、病枝溃疡部或病叶中越冬。翌年春季当气温回升至 10℃以上时，如遇降雨则菌核萌发产生子囊盘形成子囊孢子，或在病僵果上直接形成分生孢子，借风雨或气流传播。病菌在西安地区大约从 3 月中、下旬就开始初侵染。初侵染时，子囊孢子或分生孢子萌发于花期，通过花器的柱头蜜腺气孔、伤口等侵入花器，或通过幼叶的气孔、伤口侵入幼叶。潮湿条件下，病花、病叶上形成的大量分生孢子为再侵染源，或是已被侵染部位的病菌菌丝通过花梗与叶柄蔓延到果梗和新梢上。一般幼果发病较少，但发病幼果和病花上产生的分生孢子在 5～6 月果实开始着色时可大量侵染正在成熟的果实，形成病僵果。该病害主要靠雨水或气流传播，也可经由虫媒传播。

2. 防治措施

(1)清洁果园，将落叶、落果清扫烧毁。

(2)合理修剪，使树冠具有良好的通风透光条件。

(3)药剂防控。发芽前喷 1 次 3～5°Bé 石硫合剂；生长季每隔 10～15 d 喷 1 次药，共喷 4～6 次，药剂可用 1∶2∶240 倍波尔多液，或 77%可杀得 500 倍液，或 50%克菌丹 500 倍液。

七、根癌病

根癌病(图 8-7)的病原属于土壤杆菌属[*Agrobacterium tumefaciens* (smithettowns) conn]。

图 8-7　根癌病

1. 发病症状

根癌病主要发生在樱桃树的根颈部、主根和侧根，呈球状或不规则扁球形瘤状，初生时为乳白色至乳黄色，逐渐变为淡褐色至深褐色，病瘤有大有小，表面凹凸不平、龟裂，每株树根的病瘤少则 3～5 个，多则数十个。多年生的病瘤直径可达 10 cm，有时几个瘤连接形成大的瘤。鲜病瘤横剖面核心部坚硬呈木质化，瘤皮厚度 1～2 mm，皮和核心部之间有空隙。植株患病后生长缓慢，发育受阻，树势衰弱，严重时造成大量死树。侧根及支根的根瘤不致马上引起死树。病瘤在栽培条件改善后往往会自行大量脱落，不再影响植株发育。根癌病发病轻时，病树可正常开花结果，且坐果率高，但花期较晚，展叶亦迟，果个变小，果实的品质差。

2. 发病规律

根癌病的病原细菌在发病组织和土壤中越冬。土壤中有寄主组织存在时，病菌能存活 1 年以上，2 年内若遇不到新的寄主便会失去生活能力。病菌主要靠灌溉和雨水传播，远距离苗木运输也可传播。病菌多从伤口侵入寄主组织，刺激周围组织细胞加速分裂，产生大量的分生组织，导致肿瘤的形成，嫁接口、虫伤口、机械伤口均能感染病菌。调查发现，根部伤口的多少与发病率成正比。移栽植株根梢修剪处和嫁接口伤口均易发病。根癌病的发病期较长，6～10 月均有病瘤发生，7～8 月为发病盛期，10 月下旬终止发病。土壤湿度大、高温高湿、管理水平差、树势生长弱，均有利于此病发生。土壤温度在 18～22℃时最适合病瘤形成。土壤碱性、黏重、排水不良发病重，土壤 pH 值在 6.0 以下时极少发病。不同的砧木类型发病不同，多年苗木繁育和栽培试验证明，东北山樱桃作砧木发病重，山东大窝娄叶、大青叶和莱阳矮樱桃作砧木较抗此病。

3. 防控措施

(1)选用抗病砧木，繁育无病毒苗木。育苗圃不能重茬，不用病树上的接穗作繁殖材料。用组织培养法繁育无病毒苗木，用抗病砧木大青叶、大窝娄叶和莱阳矮樱桃等作砧木。

(2)严格苗木检疫和消毒，不从病区引进苗木和接穗。调运苗木时应进行消毒，可用 1%硫酸铜溶液浸根 5 min，或用 3%次氯酸钠液浸根 3 min。浸根消毒时药液浸至苗木嫁接口以下，杀死附着在根部的病原菌。也可在苗木定植前用 K84 蘸根消毒杀菌。

(3)加强果园管理。除草、施肥时尽量避免伤根。冬季清理樱桃树的枯枝落叶和园内的杂草，刮除枝干翘皮，集中烧毁。发现病株及时刨除，并清除所有病根。增施有机肥，提高土壤酸度，使土壤环境不利于病菌生长，同时增强树体抗性。如有条件可采取滴灌、渗灌等技术，防止病菌随水传播，特别要注意雨季及时排水，降低土壤湿度。及时防治蛴螬等地下害虫，防止树体根部受到伤害，造成病菌侵染。

(4)早期发现甜樱桃根癌病株时，应扒开根周围的土壤，用刀将病瘤切除，直至露出新鲜木质部，伤口涂 3%琥珀酸铜胶悬液 300 倍液或 5°Bé 石硫合剂。刮下的病瘤要立即烧毁，不可深埋。对 2～3 年生幼树扒开根颈处土壤，用 30 倍液 K84 消毒液灌根，每株灌 1～2 kg 可有效防治根癌病。

八、流胶病

流胶病(图 8-8)病原属于子囊真菌(*Botryosphaeria berebgeriana* de Not)。

1. 为害症状

流胶病是樱桃树的常见病害，主要为害枝干，导致树势衰弱、产量和果实品质下降。发病症状常见于主干和主枝，有时小枝也可发病。一般表现为病部肿胀，病部流出半透明的黄色树胶，流出的胶液与空气接触后逐渐变为红褐色，干燥后变为茶褐色的硬质胶块。患病后树势逐渐衰弱，病斑上部的

图 8-8 流胶病

枝干或顶梢常枯死，叶片萎蔫枯黄，花芽或叶芽干枯。病部皮层及木质部易受病原菌侵染，皮层变褐、腐烂，剥开流胶部位可见褐色病斑。

春季发生，流胶处略肿大，皮层及木质部变褐、腐朽，易感染其他病害，导致树势衰弱，严重时枝干枯死。

2. 发病规律

樱桃在整个生长期都有可能发生流胶病，与温度、湿度关系密切，5～9月发病较为严重。春季随着温度的升高和雨水的增多，发病趋势明显，特别是在雨水较多时，病部渗出胶液，以后随气温的下降，逐步减轻直至停止。盛果期树流胶严重，幼树发病较轻。酸性、透气性较差及重茬土壤流胶病易发生，偏施氮肥、负载量过大、地势低洼、雨季排水不畅等因素导致发病严重。流胶病的发生，主要由枝干病害(腐烂病、干腐病、穿孔病等)、虫害(天牛、吉丁虫等)和机械损伤、修剪过度造成的伤口引起；另外，冻害、日灼等易使部分树皮死亡，进而引起流胶。

对于流胶病的病因仍存在争议，过去多认为是由虫害及机械损伤造成的伤口、渗透胁迫等引起的生理性病害。随着研究的深入，也有关于病原菌引起的侵染性流胶病的报道。病原菌可在病残体、花芽、枝干上越冬，随着温度的升高和雨水的增多，通过空气、雨水或修剪工具等传播到健康的树干或枝条上，通过伤口、皮孔侵入树体内部。栽培管理不当时，如栽植过深、修剪过重、土壤过酸等，会引起树体生理失调，进而导致流胶病的发生；各种灾害及机械损伤等造成的伤口也能引起流胶，如冻害、病虫害、机械伤等。这些外部因素能刺激树体合成乙烯和乙烯利等物质，产生过量的细胞壁多糖导致流胶。侵染性流胶病的病原，文献报道的多为葡萄座腔菌和丁香假单胞菌。

3. 防控措施

(1)综合防控。流胶病发生的诱因较多，如机械损伤、水分、土壤栽培条件、病原菌等因素都能造成流胶病的发生。因此，防控流胶病要采用合理的方法，重在农业措施与化学药剂使用有机结合。避免在黏性土壤建园，浇水后要及时中耕、松土，改善土壤的通气状况；尽量减少伤口，修剪时不能大锯大砍，避免拉枝形成裂口。做好虫害防治工作，以减少虫伤。秋冬季枝干涂白，以防止冻害和日灼。

农业措施中重在加强土肥水管理，以增强树势，提高树体的抗病能力。修剪时间对于流胶病的发生有很大的影响。冬季修剪可能会因为剪口不能愈合而导致冻害的发生，使第 2 年容易被病原菌侵染。应在雨季来临之前，选择干燥无风的天气进行修剪；回缩修剪要留桩，不能紧贴树干疏除大枝，以减少大伤口的出现。剪除多余的花枝，合理负载，协调结果与生长的矛盾。应在树下灌水，尽量避免将水喷到枝干上；排水要通畅，避免造成园内的湿度过大。要及时清除病枝。

(2)药物防控。冬季或初春，在树体萌芽前用含铜的杀菌剂喷洒枝干。发病后，刮除病部胶体及溃疡部位，涂抹克菌丹、甲基托布津、扑海因等杀菌剂，一般应在第 1 次涂药后，隔 10～15 d 再涂 1 次，至少涂 3 次；涂药后包扎。

对已发病的枝干应及时彻底刮治，刮治后伤口可用生石灰 10 份、石硫合剂 1 份、食盐 2 份、植物油 0.3 份加水调成糊状涂抹。

第三节　樱桃主要病毒病

病毒病是由病毒侵染引起的病害，据报道，目前侵染樱桃的病毒约有 34 种，比较常见的樱桃病毒有 20 种。我国检测到的樱桃病毒共 7 种，分别是李属坏死环斑病毒（PNRSV）、李矮缩病毒（PDV）、苹果褪绿叶斑病毒（ACLSV）、樱桃卷叶病毒（CLRV）、樱桃锉叶病毒（CRLV）、樱桃绿环斑病毒（CGRMV）和樱桃小果病毒 2（LChV-2）。

大小，果实呈暗红色、三角状，口味下降。即使没有出现上述症状，果实也会成熟过晚。

图 8-12　樱桃小果病毒病

6. 樱桃锉叶病毒病

樱桃锉叶病毒（*Cherry rasp leaf virus*，CRLV）病的病叶（图 8-13）表现出明显的叶缘皱缩，重的出现缺刻现象，形状变得极不规则。在田间条件下侵染还会诱发其他症状，包括小叶、节间缩短、失绿黄化、叶脉白化、果实小、叶片背面凸起等。

图 8-13　樱桃锉叶病毒病症状

病毒通过机械、种子、花粉、线虫等多种途径传播，也可以通过受侵染的植物繁殖材料的调运进行远距离传播。叶跳蝉、苹果粉蚧、蚜虫、线虫等害虫可作为传导介体，将病毒传播到健康植株。樱桃小果病还可通过根蘖进行传播。

二、樱桃病毒病防控

树体一旦感染病毒病害，则终生都带有该病毒。因此，应根据病毒病的特点，对其进行综合防治。

（1）对感病植株实行严格分离，及时挖除发病严重的病株。

（2）在樱桃栽培区不宜种植中间寄主植物，如观赏性樱桃是樱桃小果病的中间寄主。

（3）种植无病毒或脱毒苗木，减少病原的产生机会。

（4）加强田间管理，减少氮肥使用，增施有机肥，提高树体抗性，减少土壤中线虫的数量。

（5）剪除病害枝条，喷施病毒 A、病毒唑等药剂。

第四节 樱桃主要害虫

一、红颈天牛

红颈天牛（*Aromia bungii Faldermann*）属鞘翅目天牛科，俗称“哈虫”，是主要的蛀干害虫（图 8-14）。以幼虫在枝干韧皮部和木质部之间蛀食，在木质部内可向上或向下蛀食，造成树干中空。蛀食虫道塞满木屑和虫粪，并自蛀口排出，呈红褐色、粗锯末状。红颈天牛的为害会造成树势衰弱和树皮死亡，并引发流胶病，甚至导致主枝死亡及整树死亡。果园发病严重时被害株率可达 60%～70%。

成虫　　幼虫

图 8-14 红颈天牛

1. 形态特征

成虫体长 24～37 mm，除前胸背部呈棕红色外，其余部分均为黑色。头、翅鞘及腹面有黑色光泽，触角及足有蓝色光泽。雄虫触角约为体长的 1.5 倍，雌虫触角比身体稍长。前胸两侧各有 1 个短小锐利的刺状突起。卵长椭圆形，乳白色，长径约为 1.5 mm。幼虫老熟时体长 42～50 mm，黄白色，头部小、黑褐色，上颚发达，前胸背板呈宽阔扁平形，基部有暗褐色斑，胸足 3 对，不发达。蛹黄褐色，腹部各节背面均有刺毛 1 对，前胸背板上有刺毛 2 排，两侧各有 1 个刺状突起。

2. 发生规律

2 年发生 1 代，以各龄幼虫在蛀食的虫道内越冬。6～7 月间成虫发生，成虫寿命约为 10 d，交尾后产卵于主干或主枝枝杈缝隙处。卵经 8～12 d 孵化为幼虫。初孵幼虫在皮层下食害，成长后钻入木质部为害，并经常向外排出虫粪，被害处容易流胶。

3. 防控措施

(1)根据红颈天牛喜欢产卵于老树树皮裂缝及粗糙部位的特性，应加强树干管理，保持树干光洁。生长季节查找新虫孔，用铁丝钩挖幼虫；成虫大量出现时，在中午成虫活跃时人工捕杀成虫。

(2)用塑料薄膜密封包扎树干，基部用土压住，上部扎住口，在其内放磷化铝 2～3 片熏杀幼虫；或者用注射器向孔内注入 80%敌敌畏乳油或 40%毒死蜱乳油 20～40 倍液，并用黄泥封闭蛀孔口。

(3)成虫发生期前往主干和大枝上涂白，可有效防止产卵，涂白剂用 10 份生石灰、1 份硫黄粉、40 份水配制。

二、桑白蚧

桑白蚧(*Pseudaulacspis pentagona Targioni*)属同翅目盾蚧科，又名桑白盾蚧、桑盾蚧，俗名树虱子(图 8-15)。其成虫、若虫、幼虫以刺吸式口器为害枝条和枝干。被害枝条生长势减弱、衰弱萎缩，严重时枝条表面布满虫体、灰白色的介壳将树皮覆盖、虫体为害处稍凹陷、枝上芽子尖瘦、叶小而黄，甚至树的枝干衰弱枯死，整株或全园呈现半死不活的状况。

1. 形态特征

雌成虫橙黄或橙红色，体扁平卵圆形，长约 1 mm，腹部分节明显；雌介壳圆形，直径 2～2.5 mm，略隆起，有螺旋纹，灰白至灰褐色；壳点黄褐色，在介壳中央偏旁。雄成虫橙黄至橙红色，体长 0.6～0.7 mm，仅有翅 1 对；雄介壳细长，白色，长约 1 mm，背面有 3 条纵脊；壳点橙黄色，位于介壳的

图 8-15 桑白蚧

前端。卵椭圆形，长径仅 0.25～0.3 mm，初产时淡粉红色，渐变淡黄褐色，孵化前橙红色。初孵若虫淡黄褐色，扁椭圆形，体长 0.3 mm 左右，可见触角、复眼和足，能爬行，腹末端具尾毛 2 根，体表有绵毛状物遮盖。脱皮之后眼、触角、足、尾毛均退化或消失，开始分泌蜡质介壳。

2. **发生规律**

一般 1 年发生数代，主要以受精雌虫在寄主上越冬。春天，越冬雌虫开始吸食树液，虫体迅速膨大，体内卵粒逐渐形成，遂产卵在介壳内，每个雌虫可产卵 50～120 余粒。卵期 10 d 左右(夏秋季节卵期 4～7 d)。若虫孵出后具触角、复眼和胸足，从介壳底下各自爬向合适的处所，以口针插入树皮组织吸食汁液后就固定不再移动，经 5～7 d 开始分泌出白色蜡粉覆盖于体上。雌虫若虫期 2 龄，第 2 次脱皮后变为雌成虫。雄虫若虫期也为 2 龄，脱第 2 次皮后变为“前蛹”，再经脱皮为“蛹”，最后羽化为具翅的雄成虫。但雄成虫寿命仅有 1 d 左右，交尾后不久就死亡。

3. **防控措施**

(1)人工防控。因其介壳较为松弛，可用硬毛刷或细钢丝刷刷除寄主枝干上的虫体。结合整形修剪，剪除被害严重的枝条。

(2)化学防控。根据调查测报，抓准在初孵若虫分散爬行期进行药剂防治。推荐使用含油量为 0.2%的黏土柴油乳剂混合 80%敌敌畏乳剂、50%混灭威乳剂、50%杀螟松可湿性粉剂或 50%马拉硫磷乳剂 1 000 倍液。黏土柴油乳剂的配制方法：轻柴油 1 份，干黏土细粉末 2 份，水 2 份。按比例将柴油倒入黏土粉中，完全浸润后搅成糊状，将水慢慢加入，并用力搅拌，至表层无浮油即制成含油量约为 20%的黏土柴油乳剂原液。此外，40%速扑杀乳剂 700 倍液亦有较高防效。

(3)保护利用天敌。田间寄生蜂的自然寄生率比较高，有时可达70%～80%。此外，瓢虫、方头甲、草蛉等的捕食量也很大，均应注意保护。

三、梨小食心虫

梨小食心虫(*Grapholita molesta* Busck)简称“梨小”，属于鳞翅目卷叶蛾科，又称梨小蛀果蛾、东方蛀果蛾(图8-16)。第1代、第2代幼虫钻蛀甜樱桃新梢顶端，多从嫩尖第2、第3片叶的叶柄基部蛀入髓部，往下蛀食至木质化部分然后转移。嫩尖凋萎下垂，易识别，蛀孔处多流出晶莹透明的果胶，多呈条状，长约1 cm，影响生长发育。

害状

蛹

图8-16 梨小食心虫

1. 形态特征

成虫体长6～7 mm，黑褐色；前翅前缘有7～10组白色短斜纹，外缘中部有1个灰白色小斑点。卵近扁圆形，稍隆起，淡黄色，有光泽。初孵幼虫为黄白色，老熟幼虫淡红色至桃红色；头浅褐色，前胸背板淡黄白色；腹末有臀栉4～7个。蛹体长约6 mm，黄褐色，腹部3～7节的背面各有2排小刺。

2. 发生规律

在河北、山东等地1年发生3～4代，河南、安徽、陕西等地1年发生4～5代。无论1年发生几代，均以老熟幼虫在树干翘皮下、粗皮裂缝和树干绑缚物等处做一薄层白茧越冬。梨树上的梨小食心虫还可以在根颈部周围的土中和杂草、落叶下越冬。在苹果谢花后，越冬幼虫开始化蛹，并羽化为成虫。全年各代成虫发生高峰期：河南睢宁地区，越冬代为4月中旬，第1代5月下旬，第2代6月底至7月初，第3代7月下旬，第4代8月下旬；四川蓬溪地区，越冬代3月底，第1代5月中旬初，第2代6月中、下旬，第3代7

月底至8月初，第4代8月底至9月初，第5代不明显。成虫在傍晚活动，交尾、产卵，对糖醋液和人工合成的梨小食心虫性外激素有强烈趋性。成虫产卵于果实萼洼、梗洼和胴部，为害嫩梢时产卵于叶片背面。幼虫孵化后爬行一段时间即蛀入果实或嫩梢。在苹果与桃、李混栽的果园，第1代幼虫主要蛀食桃、李和苹果嫩梢，第2代至第4代为害果实，以第3代为害苹果最重。第5代幼虫还为害苹果秋季嫩梢。幼虫在果内和嫩梢内生长至老熟后便脱果、脱梢，寻找适当的场所化蛹。

3. 防控措施

(1)人工防控。早春刮树皮，消灭翘皮下和裂缝内的越冬幼虫；秋季幼虫越冬前，在树干上绑草把诱集越冬幼虫，入冬后或翌年早春解下烧掉，消灭其中的越冬幼虫；春季发现果树梢被害时，要及时剪除被害梢，深埋或烧掉，消灭其中的幼虫。

(2)药剂防控。药剂防治的适宜期是各代成虫产卵盛期和幼虫孵化期，为防止果实受害，要重点防治第2代、第3代幼虫。用梨小食心虫性外激素诱捕器监测成虫发生期，以确定准确的喷药时间。一般情况下，在成虫出现高峰后即可喷药。在发生重的年份，可在成虫发生盛期前、后各喷1次药，控制其为害。在没有梨小食心虫性诱剂的情况下，可在田间调查卵果率，当卵果率达到1%时就可喷药。常用药剂有：50%杀螟松乳油1 000倍液，80%敌百虫晶体1 000倍液，20%速灭杀丁乳油3 000倍液，2.5%功夫菊酯乳油3 000倍液。

(3)生物防控。在虫口密度较低的果园，可用松毛虫赤眼蜂防控。成虫产卵初期和盛期分别释放松毛虫赤眼蜂1次，果园放蜂量在45头/m^2左右时能明显减轻为害。

四、樱桃果蝇

樱桃果蝇主要有铃木氏果蝇(*Drosophila suzukii*)、黑腹果蝇(*Drosophila* melanogaster)、海德氏果蝇(*Drosophila* hydei)和伊米果蝇(*Drosophila* immigrans)。

1. 形态特征

樱桃果蝇幼虫似蛆(图8-17)，在果实中蛀食，被蛀果面上有针尖大小的蛀孔，蛀孔凹陷，果实腐败，完全丧失商品价值。近年来，铃木氏果蝇已成为甜樱桃的主要害虫。

2. 防控措施

(1)药剂防控。果实膨大至着色前，用40%乐斯本乳油1 500倍液或4.5%高效氯氰菊酯乳油2 000倍液，每隔7 d对园内地面和周边杂草丛喷雾1次可压低果蝇基数。采收后1周内用1%甲氨基阿维菌素苯甲酸盐乳油3 000

图 8-17 樱桃果蝇

倍液或 40%乐斯本乳油 1 500 倍液对树体尤其是树冠内膛喷雾。

(2)糖醋液诱杀。在果蝇成虫出现时，可利用果蝇的趋性用糖醋液诱杀。糖醋液配制比例一般为：糖∶醋∶水∶酒＝3∶4∶2∶1，加适量 90%晶体敌百虫。将配制好的糖醋液倒入塑料盆内，盆置于树冠荫蔽处诱杀果蝇成虫。塑料盆距离地面的高度约 1.5 m，每盆装糖醋液约 1 kg，放置密度 75～150 个/hm^2。在糖醋液中放烂果诱杀效果更好。

(3)集中销毁虫害果实。收获期摘除所有的樱桃果实，可以消除果蝇的繁殖食料，从而减少下个生产季的果蝇数目。虫害果实应该放在黑色塑料袋子中，在强光下暴晒 2 周，杀死蛆虫和卵，或焚烧虫害果实。也可深埋后用薄膜覆盖，以防止成虫从土壤中爬出。

五、舟形毛虫

舟形毛虫(*Phalera flavescens* Bremer et Grey)又称枇杷舟蛾、枇杷天社蛾、黑毛虫等。幼虫有群集性，先食前端叶片的背面，将叶肉吃光后群体分散，最后将叶片吃光仅剩主脉和叶柄，被害叶片呈网状。若防治不及时，常将全树叶片吃光，轻则严重削弱树势，重则导致全株死亡。

1. 形态特征

成虫体长约 25 mm，翅展约 25 mm，体黄白色。前翅有不明显波浪纹，外缘有黑色圆斑 6 个，近基部中央有银灰色和褐色各半的斑纹。后翅淡黄色，外缘杂有黑褐色斑。卵圆球形，直径约 1 mm，初产时淡绿色，近孵化时灰色或黄白色，卵粒排列整齐成块。老熟幼虫体长约 50 mm，头黄色，有光泽，胸部背面紫黑色，腹面紫红色，体上有黄白色。静止时头、胸和尾部上举如舟，故称“舟形毛虫”。

2. 发生规律

1 年发生 1 代。以蛹在树冠下 1～18 cm 深处的土中越冬。翌年 7 月上旬至 8 月上旬羽化，7 月中、下旬为羽化盛期。成虫昼伏夜出，趋光性较强，常产卵于叶背，卵单层排列，密集成块。卵期约 7 d。8 月上旬幼虫孵化，初孵幼虫群集叶背，啃食叶肉呈灰白色透明网状。长大后分散为害，白天不活动，早晚取食，常把整枝、整树的叶子蚕食光，仅留叶柄。幼虫受惊有吐丝下垂的习性。8 月中旬至 9 月中旬为幼虫期。幼虫 5 龄，幼虫期平均 40 d，老熟后陆续入土化蛹越冬。

3. 防控措施

(1)冬、春季结合树穴深翻松土挖蛹，集中收集处理，减少虫源。

(2)灯光诱杀成虫。因其成虫具有强烈的趋光性，可在 7～8 月成虫羽化期设置黑光灯诱杀成虫。

(3)利用初孵幼虫的群集性和受惊吐丝下垂的习性，当少量树发生且虫量不多时，可摘除虫叶、虫枝，振动树冠杀死落地幼虫。

(4)药剂防治。低龄幼虫期喷功夫菊酯、速灭杀丁和溴氰菊酯等 2 000 倍液。发生树多且虫量大时，可喷含孢子 100 亿个/mL 以上的 Bt 乳剂 500～1 000倍液杀较高龄幼虫。虫量过大时的用药：①用 2.5%功夫乳油 40 mL+1.8%阿维菌素 30 mL+水 12.5～15 kg 均匀喷雾。②用 4.5%高效氯氰菊酯 60 mL+1.8%阿维菌素 30 mL+水 12.5～15 kg 均匀喷雾。

(5)人工释放卵寄生蜂。幼虫发生期喷生物制剂青虫菌、白僵菌等 500～800 倍液。

六、红蜘蛛

为害甜樱桃的红蜘蛛(*Tetranychus cinnbarinus*)主要是山楂红蜘蛛(*Tetranychus viennensis* Zacher)，又名山楂叶螨、樱桃红蜘蛛，属于蛛形纲蜱螨目叶螨科，分布很广，遍及南北各地。成螨、幼螨、若螨刺吸叶片组织、芽、果的汁液，被害叶初期有灰白色失绿小斑点，随后扩大连片。芽严重受害后不能继续萌发，变黄、干枯。严重时全叶苍白焦枯早落，常造成二次发芽开花，削弱树势，不仅导致当年果实不能成熟，还影响花芽形成和翌年的产量。虫害发生严重时，7～8 月常造成大量落叶，导致二次开花。

1. 形态特征

成螨长 0.42～0.52 mm，体色变化大，一般为红色，梨形，体背两侧各有黑长斑 1 块。雌成螨深红色，体两侧有椭圆形黑斑。卵圆球形，光滑，越冬卵红色，非越冬卵淡黄色、较少。幼螨近圆形，有足 3 对。越冬代幼螨红色，非越冬代幼螨黄色。越冬代若螨红色，非越冬代若螨黄色，体两侧有黑斑。若螨有足 4 对，体侧有明显的块状色素。

2. 发生规律

1 年发生 13 代，以卵越冬，越冬卵一般在 3 月初开始孵化，4 月初全部孵化完毕，越冬后 1～3 代主要在地面杂草上繁殖为害，4 代以后即同时在果树、间作物和杂草上为害，10 月中、下旬开始进入越冬期。卵主要在树干皮缝、地面土缝和杂草基部等地越冬，3 月初越冬卵孵化后即离开越冬部位，向早春萌发的杂草上转移为害，初孵化幼螨在 2 d 内可爬行的最远距离约为 150 m，若 2 d 内找不到食物，即可因饥饿而死亡。4 月下旬，当果树萌发时，地面杂草上的部分红蜘蛛开始向树上转移为害果树，转移时一般是沿树干向上爬行。红蜘蛛的各个活动虫态均可转移。

3. 防控措施

(1)人工防控。在越冬卵孵化前刮树皮并集中烧毁，刮皮后在树干涂白(石灰水)杀死大部分越冬卵。

(2)农业防控。根据红蜘蛛越冬卵的孵化规律和孵化后首先在杂草上取食繁殖的习性，早春进行翻地，清除地面杂草，保持越冬卵孵化期间田间没有杂草，使红蜘蛛因找不到食物而死亡。

(3)物理防控。可在果树发芽和红蜘蛛即将上树为害前(约为 4 月下旬)，应用无毒不干粘虫胶在树干上涂 1 个闭合粘胶环，环宽约 1 cm，2 个月后再涂 1 次，即可阻止红蜘蛛向树上转移为害，效果可达 95%以上。

(4)生物防控。田间红蜘蛛的天敌种类很多，据调查主要有中华草蛉、食螨瓢虫和捕食螨类等，其中中华草蛉的种群数量较多，对红蜘蛛的捕食量较大。保护和增加天敌数量可增强其对红蜘蛛种群的控制。

(5)化学防控。用螨危 4 000～5 000 倍液(每瓶 100 mL 兑水 400～500 kg)、40%三氯杀螨醇乳油 1 000～1 500 倍液、20%螨死净可湿性粉剂 2 000倍液、15%哒螨灵乳油 2 000 倍液、1.8%齐螨素乳油 6 000～8 000 倍液等均匀喷雾，均可达到理想的防治效果。

七、金龟子

通常情况下，为害甜樱桃的金龟子(*Scarabaeinae*)主要有苹毛金龟子(*Proagopertha lucidula Falderma*)和黑绒金龟子(*Serica orientalis*，*Maladera orientalis*)，它们以成虫咬食芽、嫩叶和花蕾、花瓣。幼虫为蛴螬，在地下取食幼根。1 年发生 1 代，以成虫在 20～30 cm 深的土壤中越冬，翌年 4 月中旬至 5 月中旬开始出土上树为害，昼伏夜出，以傍晚为害最盛，出土为害期长达1～2个月。5月末至6月上旬为产卵盛期，在杂草繁茂、10 cm深的土壤中产卵最多。初孵幼虫以须根和腐殖质为食，幼虫期约为75 d。老熟幼虫在土中20～40 cm深处化蛹，蛹期为10～15 d，9月中、下旬羽化为成虫，在土壤中越冬。

成虫有假死性、趋化性和趋光性，因此防控该虫可利用其假死性进行人工振落捕杀，也可用糖醋液和黑光灯诱杀。春季成虫出土前，在地面撒施5%辛硫磷颗粒剂，每公顷在树冠下均匀撒3 kg，撒后浅锄地面。成虫为害严重时，可在树上喷洒50%辛硫磷乳油800倍液或5%高效氯氰菊酯乳油2 000倍液防控。夏季幼虫期，可在地面喷洒或浇灌昆虫病原线虫防控。

八、鸟害

鸟害是樱桃成熟期的一大危害，会严重影响产量和品质。目前，害鸟已成为樱桃园的重要防控对象。樱桃园内经常出现的鸟类有喜鹊(*Pica pica*)、灰喜鹊(*Cyanopica cyana interposia*)、麻雀等。被鸟类啄食的果实不能作为鲜食果品出售；同时，被啄食的伤口还会引起盘菌属或葡萄孢属等真菌的滋生，从而引起烂果，造成很大的经济损失。

防控鸟害的措施多是物理方法，例如，将鸣枪声、鞭炮声、害鸟天敌的鸣叫声或害鸟的求救声录下，在果实着色期将录音机置于果园中心播放。还可采取放置稻草人、悬挂彩带等方式，使鸟不敢靠近。在果实采摘前，将果树用纱网或丝网覆盖起来，可有效防止鸟啄。

第五节　樱桃园病虫防治历

2月，为休眠期。休眠期及时清除果园内的枯枝、落叶、僵果、杂草等，并集中烧毁，可大大减少褐斑病、叶螨、刺蛾、金纹细蛾等病、虫的越冬基数；春季整形修剪，剪除病枝。用钢丝球刮除枝干上的桑白蚧。

3月上、中旬，芽冒绿尖时，树上喷布5°Bé石硫合剂或机油乳剂，或用21%菌之敌50倍液封闭地面，防控越冬介壳虫、红蜘蛛及流胶病、根茎腐烂病、穿孔病、叶斑病等。新植樱桃园定干后套袋，防止象鼻虫、黑绒金龟子啃芽。

4月中、下旬，谢花后7～10 d喷洒1次大生M-45可湿性粉剂800倍液加阿维菌素加高效氯氰菊酯，防控穿孔病、叶斑病、褐腐病及卷叶虫、梨小食心虫、叶蝉、介壳虫等。

5月，果实硬核期至转色期前注意防控果蝇。果实着色前悬挂糖醋液诱杀成虫，地面喷辛硫磷和毒死蜱，树上喷植物杀虫剂清源保(0.6%苦内酯)水剂1 000倍液1次，7 d后再喷1次。

6月，采收后及时清除病残果；喷1次灭幼脲加戊唑醇，防控多种鳞翅目害虫及病害。

7～9月，喷杀菌剂防控叶斑病，如25%苯醚甲环唑1 500倍液。

11月上旬，幼树主干涂白。在树干和主枝上刷涂白剂，既可杀灭越冬病虫，又能预防野兔等啃食树干，还可以减少冬春昼夜温差的影响，增强树体的抗冻能力。涂白剂的配制比例为：硫酸铜∶生石灰∶豆面∶水＝1∶3∶1∶25。

参考文献

[1]肖敏，潘凤荣，李俞涛．樱桃根癌病发病规律及防治技术研究[J]．辽宁农业科学，2009(5)：25-27.

[2]王文文，宗晓娟，陈立伟，等．中国甜樱桃病毒病及其检测技术研究进展[J]．湖北农业科学，2012，51(18)：3929-3933，3940.

[3]王文文，宗晓娟，王甲威，等．环渤海湾地区甜樱桃小果病毒及樱桃病毒A的鉴定与调查[J]．植物保护，2013，39(2)：128-133.

[4]孙杨，魏国芹，孙玉刚．樱桃流胶病研究进展及防治方法[J]．生物灾害科学，2013，36(02)：188-191.

[5]冯瑛，蔡宇良，宛甜，等．樱桃冠瘿病病原的分离与鉴定[J]．西北农林科技大学学报(自然科学版)，2013，41(10)：165-171.

[6]张福兴，孙庆田，姜学玲，等．论甜樱桃优质果品生产[J]．烟台果树，2013(4)：3-5.

[7]赵改荣，李明，刘聪利，等．樱桃无病毒苗木繁育技术规范[J]．果农之友，2013(12)：32-34.

[8]何绪生，耶卓越，蔡宇良．防止大樱桃裂果综合技术措施[J]．西北园艺(果树)，2013(6)：4-5.

[9]肖敏，李俞涛，夏国芳，等．大连地区甜樱桃流胶病调查与防治[J]．辽宁农业科学，2013(6)：79-80.

[10]李延菊，孙庆田，张序，等．甜樱桃防霜避雨设施栽培技术[J]．落叶果树，2014，46(1)：42-44.

[11]孙杨，孙玉刚，魏国芹．甜樱桃褐斑病研究进展[J]．湖北农业科学，2014，53(4)：750-752.

[12]孙杨，孙玉刚，魏国芹，等．樱桃流胶病研究进展[J]．果树学报，2014，31(S1)：14-17.

[13]张福兴，董向丽，潘凤荣，等．甜樱桃流胶病研究综述[J]．烟台果树，2015(3)：1-5.

[14]徐丽，陈新，魏海蓉，等．甜樱桃流胶病的发生及其防治[J]．落叶果树，2015，47(6)：41-42.
[15]涂强，赵峰庚，黄重．甜樱桃根癌病的发生原因及防治技术[J]．陕西农业科学，2017，63(9)：101-102.
[16]郭伟，黄重，王艳龙．甜樱桃流胶病的发生及综合防治技术[J]．陕西农业科学，2017，63(9)：103-104.
[17]倪杨，段续伟，张晓明，等．95份樱桃砧木对根癌土壤杆菌的抗性鉴定与评价[A]．中国园艺学会2017年论文摘要集[C]．中国园艺学会，2017：1.
[18]黄贞光，李明，刘聪利，等．国外樱桃果蝇防治研究[J]．中国果树，2017(6)：101-104.
[19]肖敏，夏国芳，潘风荣．甜樱桃蛀干害虫红颈天牛的发生及防治[J]．现代农业科技，2018(6)：111.
[20]孙瑞红，武海斌，唐永辉，等．甜樱桃病虫害的发生动态与防控对策[J]．落叶果树，2018，50(3)：41-43.
[21]陈令会，洪莉，曹锦萍，等．南方设施栽培甜樱桃流胶病的发病规律及其对树体的影响[J]．湖南农业科学，2018(5)：61-63.
[22]高欢欢，王云鹏，翟一凡，等．山东省樱桃主产区果蝇的调查与鉴定[J]．植物保护学报，2018，45(3)：585-591.
[23]沈颖，盖中帅，张福兴，等．大樱桃采收后管理技术要点[J]．烟台果树，2018(3)：40-41.
[24]付全娟，魏国芹，侯森，等．甜樱桃病毒病及苗木脱毒技术研究进展[J]．落叶果树，2018，50(5)：28-31.
[25]武海斌，李美荣，田雪慧，等．泰安地区甜樱桃果蝇消长动态与防控技术[J]．落叶果树，2018，50(6)：46-48.
[26]黄贞光，李明，刘聪利，等．樱桃果蝇已严重威胁我国樱桃产业[J]．果农之友，2019(3)：42-43.
[27]周桂虹．阿坝州甜樱桃果蝇发生规律及防治措施[J]．四川农业科技，2019(12)：32-33.
[28]刘红霞，潘风荣，金柏年．大樱桃采收后主要病虫害及防治技术要点[J]．河北果树，2020(1)：29-30.
[29]刘庆忠，王甲威，朱东姿，等．甜樱桃园春季管理技术要点[J]．落叶果树，2020，52(2)：3-5.
[30]曲诚怀，李振亭，于维芹，等．甜樱桃病毒病发生情况调查及种类鉴定[J]．落叶果树，2020，52(5)：55-58.

第九章　樱桃采后增值

我国樱桃种植业已经取得了很大的进步，种植规模迅速扩大，品种不断更新，果园综合管理技术逐渐与世界先进国家接轨。但长期以来我国樱桃产业只重生产不重采后处理的现象十分普遍。我国樱桃采摘后多是只经过简单的人工分检、冷藏后就直接供应市场，在采后处理、增加商品化附加值的产后环节十分薄弱。因此，国产甜樱桃贮藏时间短、市场占比小，无法实现优质优价。反观美国、智利等樱桃生产发达国家，在生产上的投入仅占总投入的30%，而产后处理部分占了70%。美国果蔬产品的采后增值与采收自然产值的比是3.7∶1，日本是2.2∶1，而中国仅是0.38∶1。我国甜樱桃采后增值潜力巨大。

第一节　樱桃采后处理及品质

一、采后处理

目前我国几乎所有的樱桃主产区仍然采用传统的采后处理方法，甜樱桃采后常温下经过人工挑拣后直接装箱发运上市。每年因没有先进的采后处理技术和设备造成的果实挤压、腐烂等损失约占总产量的25%～30%，直接经济损失多达数亿元。我国亟待加强樱桃采后的预处理。

1. 适时采收

目前，我国甜樱桃主产区均没有可操作的甜樱桃采收标准，普遍存在早采现象，长此以往，在甜樱桃果实品质上与先进国家的差距会越来越大。如，国产拉宾斯的单果质量7～8 g，糖度12%～13%，色泽为红色，而智利产拉宾斯果实的纵、横径分别为3.0～3.5 cm和2.5～3.0 cm，平均单果质量

15 g，可溶性固形物含量平均为19%，果肉硬，紫黑色。国产的拉宾斯和智利的拉宾斯看上去完全像是两个不同品种的甜樱桃，其实这主要是采收期不同造成的。目前国际上对不同品种的采收有严格的质量标准，如用比色板判断色泽，以可溶性固形物含量和糖酸比判断口味，以不同内径的套环来测量果个大小等。智利的采收标准主要有两个：一是口感，即由一个经验丰富的人采前实地到园内品尝，以判断这个品种应有的风味是否已经表现出来；二是测定果实的含糖量、硬度和色泽。这种既有客观又有主观的判断，可以保证消费者吃到的樱桃果实品质优良，从而提高其商品价值。

2. 预冷及清洗消毒

因为采收季节田间温度一般在20～25℃，如果不迅速预冷，果实的贮藏寿命及货架期就会很短，将直接影响樱桃的销售覆盖范围和售价。我国目前樱桃采收后多不做预冷处理，直接拿到附近出售。因此，我国的樱桃只能供应邻近市场，且上市时间集中，所以售价低、效益差。也有经销商收购樱桃后直接放进冷库，其预冷一般就在冷库进行。这种预冷过程一般用时超过10 h，果实外表已冷却但果核周围的温度还较高，果实在冷藏过程中常有“出汗”现象发生，贮藏期一般仅1个月左右，且因为未经清洗消毒，贮藏期常发生霉烂现象。

先进国家甜樱桃采收后要求在3～4 h内运往包装场地，经质检人员测定含糖量、硬度等指标后，迅速进行水冷降温、表面清洗消毒等处理，这样可以明显延长果实的贮藏寿命及货架期。具体做法是：将果实放在0～1℃的冷水中，使果心温度在一定时间内迅速降到4～6℃，同时对果面进行清洗和消毒。

3. 机械化自动分级

先进国家对甜樱桃的分级有严格要求，采收后必须经过分级才能上市，销售时实行优级优价，不同级别果品间的售价相差很大。甜樱桃用自动分级机进行分级，分级的依据是果实的大小。其原理是：当樱桃随水流在一定坡度的辊轴上下滑时，不同直径的樱桃会落到不同的接盘中，从而实现分级。机械化自动分级极大地提高了分级效率，节省了大量劳力。经过自动分级后，同一规格的樱桃大小一致，商品性得以提高。

传统上我国的樱桃生产多由家庭农户经营，规模小、产量低，经济效益不高。规模化生产是樱桃产业的发展方向，目前蓬勃发展的樱桃生产专业合作社就是有益的尝试。规模化生产意味着需要快速处理大量的果品，机械化自动分选是必然选择。

4. 冷藏及冷链运输

为了扩大销售地区、延长销售时间和货架期，甜樱桃采后必须冷藏并实

消毒。

硫黄熏蒸法：硫黄用量为 8～10 g/m³，密闭库房燃烧硫黄熏蒸 24 h 以上，继续密闭 2～3 d 后打开通风。冷库整体消毒完毕后，在入贮前 12 h 左右进行空库预冷，要求将整个库体冷透，预冷温度在－1～0℃。

3. 冷藏樱桃的管理

冷库贮藏樱桃须注意的事项：

(1)采收的樱桃经过分级后立即进入预冷库预冷，预冷库温度设定为 0～1℃。预冷后的果品装入保鲜袋，保鲜袋宜选用 0.03～0.05 mm 的 PVC 樱桃专用保鲜袋。将保鲜袋袋口打开，敞口放置，预冷 12 h，待樱桃冷透、温度达到 0℃时即可转入贮藏库。贮藏库的库温稳定在－1～0℃。

(2)对于长期贮藏的果品，塑料周转箱应按照所分的类别码跺，出库前再用包装箱或纸盒进行包装。用纸质包装盒包装的甜樱桃只能短期贮藏。

(3)贮藏过程中，稳定的库温对樱桃的贮藏质量和贮藏时间影响很大。稳定适宜的低温能够抑制樱桃果实的呼吸，降低新陈代谢速度，从而延缓衰老。低温还可以抑制微生物的滋生，保证贮藏质量。库内温度的波动不要大于 1℃，如果库温波动大而频繁，会造成袋内结露，大大增加樱桃在贮藏过程中的腐烂率。

(4)库内的湿度应控制在 90%～95%。

(二)气调贮藏

气调贮藏是在冷库贮藏的基础上，通过保持高 CO_2 浓度和低 O_2 浓度，控制库温和库内气体的比例来保鲜的贮藏方法。气调贮藏在保持樱桃的优良品质、延长贮藏时间方面优于一般冷库。气调贮藏樱桃在入库、温度调节和装袋摆放等方面都和一般冷库一样，唯一不同的是对气体成分的调节控制。试验证明，樱桃耐高浓度的 CO_2 和低浓度的 O_2。通常在气调贮藏樱桃时，CO_2 的浓度为 10%～15%，O_2 的浓度为 3%～5%，应特别注意 CO_2 的浓度不能高于 15%，以免引起 CO_2 中毒和产生异味。气调贮藏的温度应控制在－1～1℃，库内空气相对湿度应保持在 90%～95%。在上述条件下贮存 60 d，樱桃的好果率可保持 80%～87%，果梗可保持鲜绿色。

气调贮藏的成本比一般冷库高。气调库中气体成分，须在入库完毕后调节，调节好气体比例后，贮藏期间不能再随意打开库门。贮藏期间气体成分的比例如果超出规定范围，将会增大樱桃的腐烂率，大大缩短其贮藏寿命。

(三)硅窗袋贮藏

在密闭容器中，樱桃自身的呼吸作用会消耗容器中的 O_2，同时释放 CO_2，使容器中 O_2 的浓度不断降低，CO_2 的浓度不断升高。当 CO_2 和 O_2 的占比达到一定比例时，构成有利于延缓果实的代谢，从而延长果品贮藏寿命的适宜气调贮藏环境。硅窗袋贮藏正是利用了这一原理，它实质上是一种简易的气调贮藏。

在薄膜袋上加一定面积的硅橡胶窗就可制成简易的硅窗袋。硅橡胶窗是将硅橡胶涂布在织物上制得的，其透气性比塑料膜大 200～300 倍，透 CO_2 的性能又比透 O_2 高 3～4 倍。小型硅窗袋一般可装不超过 10 kg 的樱桃。将樱桃贮藏在镶有硅橡胶窗的聚乙烯薄膜袋内时，由于呼吸消耗 O_2，袋内 O_2 的浓度降低，O_2 不足时可通过硅窗膜补充，释放出的过多的 CO_2 则由硅窗膜排出袋外，从而使袋内长期保持 CO_2 和 O_2 的恒定浓度和比例。用硅窗袋包装的樱桃，只需一般的冷库就可实现气调保鲜，出库后可直接装入礼品盒或一般的包装箱内进入销售环节。

二、樱桃贮藏保鲜重要环节

1. 预冷

预冷的目的前面已有讲述，从采收到预冷的时间越短越好。预冷分为水预冷和空气预冷。水预冷时间短、效果好，但需要专门设备。空气预冷多用在少量贮存时，具体做法是：将采收后的樱桃装入厚度为 0.03～0.05 mm 的 PVC 保鲜袋内敞口放置，迅速移入已降温至 0～1℃的预冷间内，按照品种、采摘时间的不同分别摆放，当樱桃果实的温度降至(1±0.5)℃时即认为已冷透，此时扎紧塑料薄膜袋，装入塑料筐内，再将预冷后的樱桃筐放入库温为 −1～1℃的冷库中贮藏。

2. 防失水

库内湿度低，易使樱桃果柄枯萎变黑，樱桃果实表面皱皮、变褐。贮藏樱桃的适宜空气相对湿度为 90%～95%。防止贮藏樱桃失水萎蔫的一个重要措施，是防止樱桃自身丢水，保持果肉组织的水分。简单有效的方法是用厚度为 0.03～0.05 mm 的 PVC 保鲜袋包装，袋内湿度始终会处于稳定状态，通过增加外部环境的渗透压，抑制樱桃果实水分的外渗，从而防止失水萎蔫。其次，可用加湿器加湿，使库内相对湿度保持在 90%～95%。一旦樱桃果实失水，加湿器加湿能达到预期的效果。需要注意的是，水分附着在樱桃果实表面易引起腐烂变质，从而缩短贮藏期。

3. 防腐

在采后处理过程中樱桃极易受到微生物的侵染，造成腐烂变质。控制果实采后腐烂的措施主要有：

(1)用仲丁胺熏蒸杀菌，每千克樱桃的用药量为 0.1～0.2 g。

(2)在保鲜袋中放CT-8号保鲜剂熏蒸。

(3)采前7～14 d喷1次甲基托布津1 000倍液。采后用浓度为100～500 mg/kg的苯来特浸果；或用SO_2片熏蒸，每千克樱桃的用药量为1.4 g。

4. 防褐变

对果实褐变机理的认识目前尚不统一，多数研究者认为，褐变是由于酚类物质氧化生成黑褐色醌类物质所致。在普通冷藏条件下樱桃果肉极易受到冷害，果肉组织褐变也是一种常见的冷害症状。冷害是由水果组织冰点以上的不适低温伤害造成的。樱桃在低于临界温度时，不能进行正常的代谢活动，抵抗能力降低，生理生化失调，导致冷害症状出现，果品表面出现凹陷、水浸斑、种子或组织褐变、内部组织崩溃，果实色泽不均匀，产生异味或腐烂等。低温贮藏是保持樱桃质量的最有效办法，通过控制温度可以降低代谢速度，如呼吸强度、乙烯释放率等，从而控制果品质量的下降。但樱桃属于冷敏性水果，低温贮藏不当时果品会迅速败坏，反而缩短了贮藏寿命。需要注意的是，大部分冷害症状在低温环境不会立即显现出来，而是在果品出库后才显现出来。樱桃果实的冰点约为－1.9℃左右，温度低于－1.9℃时樱桃容易受冻害。目前樱桃的贮藏温度一般为－1～1℃。

第三节　樱桃加工

一、糖水染色樱桃罐头

1. 工艺流程

选料→分级→清洗→硬化→清洗→预煮→冷却→染色→漂洗→固色→清洗→装罐→加糖水→封口→杀菌→保温检查→成品。

2. 技术要点

(1)选料。选择八至九成熟的樱桃果实，品种以那翁、雷尼等黄色品种为好。剔除有病虫害、机械伤的不合格果。分级前摘除果柄。

(2)分级。按果实的大小分成3级：一级6 g以上，二级4.5～6 g，三级3～4.5 g。

(3)清洗、硬化。洗去果实表面灰尘，漂去果实中的树叶等杂质。清洗后放入含1.5%明矾的溶液中浸泡24 h，进行硬化处理，这样可降低樱桃果实的煮烂率。

(4)预煮、冷却。将分级后的樱桃用尼龙网袋分装(25 kg/袋)，进行预煮。最佳预煮参数：成熟度 85%的樱桃，在 100℃的沸水中煮 90 s；成熟度 85%的樱桃，水温 100℃，时间 60 s；成熟度 90%的樱桃，水温 95℃，时间 90 s。煮后置于流动水中迅速冷却，务必使其冷透。这样预煮脱色效果最好，烂果率最低。预煮水的用量与预煮樱桃的果量之比越大越好，一般不小于 20∶1，这样可以使果实在瞬间受热，花青苷迅速分解，而果肉又能保持完好。

(5)染色。染色液的配制：水 50 kg、胭脂红 32.5 g、苋菜红 17.5 g、柠檬酸 10 g，混合均匀后调节 pH 值到 4.2 左右。在配好的染色液中加入预煮后冷却了的樱桃 35 kg，浸泡染色 24 h。染色液的温度在 25℃左右，染色液与樱桃之比为 10∶7。

(6)漂洗。用清水漂洗从染色液中取出的果实，洗去浮色。

(7)固色。染色后漂洗过的樱桃浸泡在 0.3%的柠檬酸水中 24 h 进行固色，固色液与樱桃之比为 4∶1，水温在 20～25℃。

(8)清洗。用清水把固色后的樱桃淘洗 2 遍，沥干水后即可装罐。

(9)装罐、加糖水、封口。根据罐的大小和规定净重装入樱桃，一般用 7114 罐，内含物净重 425 g，樱桃净重 260 g，加糖水 165 g。糖水液面与罐顶要保留一定的空隙，一般留 6～8 mm 的空隙。空隙过大意味着空气较多，对樱桃的保存不利；空隙过小，在杀菌期间受热易使罐头变形。封盖后罐顶的空隙为 3.2～4.7 mm。封罐之前要进行排气，排气的目的是将罐头顶隙和果品组织中保留的空气尽量排除，使封盖后罐头内保持一定程度的真空，有利于防腐。糖水染色樱桃罐头的罐内真空度以 53.3～60 kPa 为宜。

(10)杀菌。将封装好的罐头放在 100℃的沸水中 5～15 s，取出后立即进行冷却。一般用处理过的符合卫生标准的水冷却至 37℃左右。

(11)保温检查。杀菌处理后的樱桃罐头，还要存放在 37℃的库房内保存 5 d 左右。如果罐头变质，会产生大量气体，要注意检查倒垛。

(12)成品。包装前先用干布将罐头擦干净，打标号，涂上一层防腐剂，以免罐头在运输和贮存过程中生锈，然后贴上商标，即可装箱出厂。

(13)质量要求。果实呈紫红色，色泽较一致。糖水较透明，允许含少量不引起浑浊的果肉碎屑。具有糖水樱桃罐头应有的风味，酸甜适口，无异味。果个大小均匀，无皱缩及明显的机械伤，果形整齐。果肉不低于净重的 60%，糖水浓度在 14%～18%之间。

二、樱桃酒

用成熟的樱桃可以酿制樱桃酒。樱桃酒具有樱桃的香味以及清柔醇厚的酯香味，色泽鲜艳，呈玫瑰红色或淡红色，酒度多在 9～12 度。如果喜欢喝高度樱桃酒，可以在发酵时再加入一些白糖，能使酒度提高到16度。根据经验，每升果汁中加入17 g白糖，发酵后可产生纯酒精1度，例如酿制酒精度再高4度的酒，每升樱桃汁应加糖68 g。下面是酿制樱桃酒的主要技术环节。

1. 破碎

将成熟的红樱桃用清水冲洗干净，除去果梗及青粒、霉粒、破粒等，放入经过消毒的容器(小缸)中，用手挤碎或捣碎。操作前须将手、木棒、容器等用高锰酸钾水洗1次，再用清水冲1次，以防止杂菌污染。可使用消毒后的干净铝勺，但不要用铁、铜等其他金属工具和容器捣樱桃。

2. 发酵

樱桃汁中的糖分经酵母发酵产生酒精和二氧化碳。樱桃酒的前发酵过程，皮、汁是混在一起的，酵母在樱桃破碎时已接入汁中。发酵温度最好在15～25℃，不应超出35℃。用小型容器发酵散热较容易，可以做到不超过32℃。

樱桃汁装入容器1 d后开始发酵。发酵开始时液面是平静的，仅观察到微弱的二氧化碳气泡，这表明酵母已开始繁殖。经过2～3 d发酵，会有大量二氧化碳放出，皮渣上浮结成一层帽盖，果汁的甜味渐减，酒味渐增。

发酵时，上浮的樱桃要用消毒的筷子压入汁内，每天压2次。这样做可以防止樱桃生霉、变酸，还可将皮上的色素浸入汁中，并利于排出二氧化碳，使酵母得到氧气，发酵更旺盛。

发酵高潮后，发酵势头开始减弱，此时可以加糖。糖要用樱桃原酒来溶解，不要用水来化糖。等白糖完全溶解后，容器中的酒液继续发酵。二氧化碳的放出逐渐微弱直至接近平静，酒精味很浓，糖分减少至1%以下，汁液开始变清晰，此时发酵结束，可进行压榨，将皮汁分离。

3. 压榨、澄清

用洁净的布袋或纱布对发酵后的酒汁进行压榨，可挤压或扭压，压榨出的液体被称为原酒。可加鸡蛋清对原酒进行澄清，30 mL樱桃原酒用1个鸡蛋。澄清的方法是：将鸡蛋清打成泡沫状，用少量酒充分搅拌混合后加入酒中，再充分搅拌和静置，直至酒液变得清澈透明，弃掉沉淀物。

大多数人习惯上认为樱桃酒应该是甜的，因此，需加糖调制樱桃酒，加糖量为12%～14%，要用原酒溶解糖。

至此，具有浓厚玫瑰香味、酸甜适口的樱桃酒就制成了。如果在容器中密闭贮存2个月，酒的风味会更加醇厚。

参考文献

[1]李国琴，武晋海，朱洪梅，等．甜樱桃采后保鲜技术的研究进展[J]．食品研究与开发，2021，42(20)：191-197.

[2]王凤丽，张奇志，裘纪莹，等．甜樱桃采后商品化处理技术研究进展[J]．食品工业科技，2019，40(24)：318-322.

[3]申博文，王锋，赵旗峰，等．甜樱桃采后特性与保鲜技术研究[J]．农家参谋，2019(2)：72-73.

[4]孙小渊，胡文忠，刘程惠，等．甜樱桃采后病害、贮藏期间品质变化及其防腐保鲜技术[J]．食品工业科技，2019，40(5)：338-342.

[5]甜樱桃采后运输与包装[J]．农村实用技术，2017(11)：55.

[6]田竹希，李咏富，龙明秀，等．甜樱桃采后无害化保鲜技术研究进展[J]．黑龙江八一农垦大学学报，2017，29(5)：78-84.

[7]孟霞，勒燕飞，王嘉智，等．甜樱桃果实采后贮藏保鲜技术研究综述[J]．四川林业科技，2017，38(5)：128-132，147.

[8]张潇方．甜樱桃采后全程冷链保鲜技术研究[D]．上海：上海海洋大学，2017.

[9]洪静华，侯玉婷，吴效刚，等．大樱桃采后病害、生理及保鲜技术研究进展[J]．北方园艺，2015(23)：194-198.

[10]王凤娟，张洪胜，张振英，等．我国大樱桃产后处理的现状与发展趋势[J]．农业科技通讯，2012(4)：215，230.

[11]张洪胜，张振英，慈志娟．大樱桃采后现代处理技术[J]．中国果树，2011(1)：73.

索　引

（按汉语拼音排序）

A

矮生樱组　35

B

背连式日光温室　137
避雨设施栽培　125
伯兰特　61
布鲁克斯　59

C

采后处理　178
采后管理　149
彩虹　49
彩霞　49
草樱桃　67
草原樱桃　29
出圃　87
春绣　50
春艳　46

D

岱红　42
雕核樱桃　34
东京樱花　31

F

防腐　183
防褐变　184
防失水　183
分株育苗　77
福晨　41
福星　46

G

钢架结构拱圆式日光温室　135
高盆樱桃　31
根癌病　160
根颈腐烂病　155
硅窗袋贮藏　182

H

褐斑穿孔病　154
褐腐病　159
黑斑病　158
黑樱桃　33
黑珍珠　47
红灯　40
红颈天牛　167
红蜘蛛　173
花果管理　111，145
灰霉病　156

J

机械化自动分级　179
吉美　63

吉塞拉　68
佳红　52
嫁接　83
建园　91，132
解除休眠与升温时间　138
金龟子　174

K

考特　69

L

拉宾斯　56
莱阳矮樱　70
冷藏及冷链运输　179
梨小食心虫　170
李矮缩病毒病　164
李属坏死环斑病毒病　164
丽珠　51
连栋大棚　138
流胶病　161
鲁樱3号　48

M

马哈利　64，68
马哈利樱桃　32
马扎德　64
麦李　36
毛樱桃　35
美早　53
蒙自樱　32
苗木假植　89
明珠　44

N

嫩枝扦插　80
鸟害　175

O

欧李　35
欧樱组　28

P

品种构成　3
品种选择　133
苹果褪绿叶斑病毒病　164

Q

齐早　49
奇好　62
气调贮藏　182
气体调控　144
扦插繁育　78
青肤樱　69
轻便型腔囊式日光温室　137

R

日光温室促成栽培　128

S

萨米脱　54
赛维　61
伞状组　34
桑白蚧　168
桑提娜　57
沙樱　37
山樱花　30
山樱桃　69
设施内小气候调控　141
设施栽培　4，17，125
胜利　61

实生播种 76
斯帕克里 60
斯坦拉 63
塑料大棚促成栽培 131
酸樱桃 29，70

T

泰珠 51
糖水染色樱桃罐头 184
天山樱桃 36
甜心 61
甜樱桃 28
土肥水管理 117，148

W

晚红珠 53
微毛樱桃 34
无柱钢架塑料大棚 137

X

细菌性穿孔病 153
先锋 55
香泉 1 号 52
香泉 2 号 45

Y

压条育苗 78
艳阳 56
饴珠 51
樱花组 30
樱桃矮化砧木 70
樱桃锉叶病毒病 166
樱桃果蝇 171
樱桃酒 185
樱桃卷叶病毒病 165
樱桃品质与砧木 38
樱桃小果病毒病 165
硬枝扦插 78
优质苗木繁育 76
友谊 62
有柱钢架塑料大棚 138
郁李 36
预冷 183
圆叶组 32
云南樱 32

Z

栽培优良品种 40
早大果 58
早丹 44
早红珠 43
早露 42
早先锋 58
砧木选择 65
整形修剪 97，148
中国樱桃 30
钟花樱桃 31
种质资源的评价和利用 22
种质资源的收集和保护 21
种质资源的种群类型 19
重要种质资源 28
舟形毛虫 172
主要病毒病 164
主要病害 153
主要害虫 167
贮藏保鲜 4，181
总状组 33
组织培育 81